金商道

The positive thinker sees the invisible, feels the intangible,
and achieves the impossible.

惟正向思考者，能察於未見，感於無形，達於人所不能。 —— 佚名

大店長開講 3

李明元／尤子彥——著

從單店到百店的O2O經營全思考

李明元

新創導師／客意比薩共同創辦人／前麥當勞亞洲區副總裁

台東人。海洋大學食品科學系、美國德州大學企管碩士。一九八四年台灣麥當勞成立同年加入麥當勞，從門市基層服務員工做起，隔年出任台北館前店店長。一九九七年被拔擢為台灣麥當勞首位本土總裁，二〇一一年升任亞洲區副總裁，為全球麥當勞管理階層位階最高的華人。

二〇一二年至二〇一五年出任頂新集團餐飲事業群副總裁、上海交大連鎖經營企業總裁EMBA教授，二〇一六年與徐靜蕙共同創立「客意直火比薩 Pizza CreAfe'」。現為匯盟餐飲服務執行董事。

尤子彥

商周「大店長講堂」主持人／《商業周刊》副總主筆

台中人。政治大學心理學系、台灣大學新聞研究所碩士。曾任臨床心理師、報社財經記者，長期關注服務業趨勢性議題，深入經營現場發掘新創品牌，以建立本土服務業論述為職志。二〇一五年起，籌辦商周「大店長講堂」擔任主持人，成立「大店長讀書會」、「大店長俱樂部」店家社群，打造台灣服務業最強學習平台。

著作有《大店長開講》系列三冊、《沒有唯一，哪來第一：捷安特劉金標與你分享的人生思考題》。現為《商業周刊》副總主筆。

【推薦序一】

單店、多店到連鎖店的服務業經營全思考

潘進丁

台灣是海島型經濟體，內需市場規模相對小，許多業態在很短時間就會供應過多（Over Store），形成紅海市場；尤其進入門檻不高的流通、外食產業，更是如此。以便利商店為例，一九八八年有全家、ＯＫ、安賓等許多國內外業者同時進入市場，經過三十年的發展，有許多進入者，也有許多已退出市場，形成今日超過一萬店、密集度世界最高的所謂的四大超商。

本書中有關「從單店到百店的Ｏ２Ｏ經營全思考」，從Part1的０—１的創業期，Part2的１—１０的複製成長期，Part3的大型化虛實整合轉型期。對照全家便利商店三十年來的成長轉型，閱本書後感觸特別深刻。我從公司籌備、第一店開幕，經歷過從無到有，從單店到多店展開，歷經許多失敗與學

習，本書有許多精闢的見解，發人深省。

本書以三個時間軸深入分析每個階段的策略，並以國內外標竿企業為例，深入淺出，閱讀起來特別引人深思。例如在Part1搶「紅海」vs.闖「藍海」中描繪了美國Chipotle Mexican Grill墨西哥風味餐廳的藍海策略。如何將高檔餐廳的烹飪方式和速食餐廳的快速服務結合，創立了「快速慢食」餐廳，在速食紅海市場中導入高檔食材。本書作者認為以平價奢華為價值主張的餐飲模式為「藍紅定位」思考，真是一針見血的觀點。

Chipotle從單店到多店鋪化展開，在二〇一五年股價超過蘋果公司等科技股龍頭，被《財富雜誌》(*Fortune*)評選為年度全球最受讚賞的公司前五十強。從高檔餐廳、速食餐廳中學習再創新，應該是成功的關鍵因子之一。他山之石可以攻錯，許多創新商業模式是來自標竿學習，本書彙集了許多國內外精彩個案，值得一再研讀，一定可以獲得啟發。

本書是大店長開講系列第三集，兩位作者將寶貴的知識鏈與大家分享，應是對台灣連鎖產業的深厚感情。李明元先生從店舖門市基層服務員做起，之後擔任過橫跨兩岸跨國大型連鎖企業總裁，且在大學研究機構擔任教授，兼具豐富的理論與實務經驗。尤子彥先生是商周「大店長講堂」主持人，在擔任財經記者期間，我有多次接受採訪、對談經驗，非常佩服他對外食、流通產業深入的觀察及獨特的見解。對於想投入連鎖經營的創業者，或是對服務業經營管理有興趣的朋友，這是一本少見、必讀的好書，值得推薦。

（本文作者為全家便利商店會長）

【推薦序二】

每個時代都是最好的時代

林信一

以為自己知道，
知道自己不知道，
不知道自己知道，
知道自己知道。

這一連串的知跟道，充分反映了我這幾年的經營心得，商業上有很多的資訊，可以略分類為商業常識、商業知識、臨界知識或稱底層邏輯，這三種層次是很有意思的。舉例而言，有人覺得看財報是知識，有人覺得是常識，有人覺得是底層邏輯的臨界知識，其實都對，完全如人飲水、冷暖自知。正因如此，吾輩經商之人才要透過學習，來苦苦追求思考上對於商業模式的迭代，直到知道自己知道才更適合身體力行。

本書中有很多洞察是很多個層次的，也是作者很用心的歸納總結，這樣的閱讀是個很好的學習機會來讓自己提升，我有點小建議是要有自己的思辨能力，盡信書不如無書，在閱讀時盡可能的 Google 當中的關鍵字，例如「降維打擊」這個名詞，你會發現背後的邏輯體系相當有趣，有趣到可以跟自己的人生相互印證，本書中有很多寶貴的概念都值得您找谷歌討論一下，但要設定正確的關鍵字就是，否則也是徒然。

每個時代都是最好的時代，每個決定都是當下最好的決定，我常常很享受在當下的這個互聯網時代紅利，新工具的發展，新人物的崛起，都是可以觀察的標的，有句老話是「太陽下沒新鮮的事物」，這真的是很大的謬誤，當世界改變如此之快時，更當敬畏、更當謙虛的思考跟學習。

我一直很喜歡一句話，多數人為了逃避真正的思考，願意做任何事情，或者說用戰術上的勤勞來掩蓋戰略上的懶惰。每個人都有追求也都有自己的方向，公司的領導人若是沒有透過深度的觀察後來思考辯證，而只會努力的勞動，容易造成苦勞而無功勞。

對我而言，專注的做好一個公司的價值是很高的，讓跟著你的夥伴們能掙錢、能幸福，是需要因應各種變化而持續思考的，我們星和醫美以前的宗旨是六個字，「網紅、效率、複購」，以網紅做營銷，效率做管理，複購做獲利。現在則是賦能、連接、共生，打造生態，一起抱團成長來面對快速變化的年代，若讀者們對醫美有興趣可以直接來我們粉絲團留言指名找我，您就知道什麼是賦能、連接、共生了，就像書中的單店、多店、百店的三個層次也是賦能、連接、共生的，這當中的差異不難思考，但就怕閱讀而不思考、不行動，也就可惜了。

（本文作者為星和醫美董事長）

【推薦序三】

激發出對自身事業的新想像

謝銘元

本書將事業發展的過程分成三個階段，不管是新創事業、飛速成長中的公司、或是具規模趨於穩定的公司，皆可從中思考關鍵的決策點，例如市場定位？高價還是低價？直營還是加盟？經營一家店還是連鎖化？虛實如何整合？這些決策都會左右企業後續的發展，而且影響非常深遠。

閱讀這本書的過程給我很多思想衝擊，也讓我想起過去曾經面臨的兩個關鍵決策，一是定位，二是跨足實體門市。

「iFit 愛瘦身」成立一年多的時候，我在ＡＡＭＡ的搖籃導師特力集團童至祥執行長問了我一個很關鍵的問題——「你是要做品牌，還是要成為銷售健康瘦身相關商品的通路？」這是兩種完全不同的方向，組織編制、目標客群、毛利結構等等都會隨之改變，而且幾乎沒有回頭路。審慎思考評估後，我們決定成為擁有自有品牌的公司，並且自建銷售通路直接面對客戶。

在電商取得初步成績後，我們推測應該有網路無法觸及的潛在客戶，或是不習慣網路購物的粉絲，實體據點的布建應能進一步擴大會員數量，而非分食電子商務既有的客群。

因此，iFit 愛瘦身自二〇一五下半年起，每個月至少到雙北以外的縣市舉辦一場「實體展售會」，現場不但提供完整的商品體驗，還有營養師、物理治療師等面對面的衛教服務與課程互動。我們驚喜的發現，展售會中首次在 iFit 愛瘦身消費的客戶占大多數，而且當月來自該縣市的線上訂單，居然也未受到顯著影響。

此外，我們更從實體的第一線接觸，獲得了大量的客戶樣貌和意見反饋。我們不求街邊三角窗，但求地點為人所知、交通便利；我們不要求超大坪數，講究空間最適化；我們不要求華麗氣派的「旗艦式裝潢」，但架構具有特色且能強化品牌印象的服務。

這些不同的「選擇」，引導著我們前往不同的方向，這也是無論創業者或經理人都會遇到的課題，而這本書正是能促使我們進行更全面性的思考。

最難能可貴的是，本書許多案例都是台灣公司，因此讀者可親自購買案例公司的產品，體驗他們的服務流程，觀摩網路上的社群經營、分析媒體投放和行銷策略，進而釐清自己的不足之處，並且激發出對自身事業新的想像。

（本文作者為 iFit 愛瘦身共同創辦人）

各界推薦

（依姓氏筆畫順序）

吳政學 85度C美食達人董事長

郭冠群 達勝資本KHL集團董事長

陳正文 南僑集團副總裁

黃麗燕 李奧貝納集團大中華區總裁

賴淑芬 曼都集團董事長

韓家寅 大成集團副總裁

顏漏有 AAMA台北搖籃計劃共同創辦人

【作者序一】

不做大品牌，不做舊經濟

李明元

經歷跨國大企業，參與過家族型企業，兩岸市場也幾乎走透透。三年前，從職場經理人舞台退下來，我問自己，「What else do you want？」到底還有多少時間和精力，可以去做些不一樣的事情？

從這個問題出發，我決定替自己的生涯，重新設定新的座標：「不打工、不做大品牌、不玩舊經濟」。也就是，不再進到企業打工、不再替大企業效命，擺脫國際或家族企業的成功模式和企業文化制約，做些不一樣的創新。換句話說，我想走一條過去三十多年來，從未走過的新路。

起這樣念頭，並不是對於創新創業，存在浪漫的想像，而是有感於餐飲零售業，進入互聯網時代，正邁向下一階段的競爭型態，顛覆我過往所孰悉的經營模式。簡單說，就是從強調上下游整合、供應鏈效率極大化的「價值鍵」模型，轉變為高度重視連結、共創價值的「生態圈」(Business Ecosystem)商業模式。

「價值鍵」模型最典型的例子，則是我曾服務二十七年的麥當勞，這個過去半個世紀以來，不管是在實務界或管理學院，被奉為連鎖管理典範的跨國品牌。麥當勞這套全球化擴張模式，到今天仍具備航空母艦級的經營戰力，但我認為，特別是面對數位顛覆、平台生態圈形成，和千禧世代消費者崛起，它並非是未來服務業競爭裡頭，唯一能奏效的戰法。

為驗證我的思維和假設，二〇一六年，因緣際會，參與了「客意直火比薩Pizza CreAfe'」新創事業，從品牌定位、產品設計、開設分店到經營會員，以及與外送電商平台合作，每一步對我來說，不但都需要重新學習，很多問題更是過去在大企業、大品牌，沒有遭遇過的全新考驗。舉例來說，以前在大品牌操作行銷和公關，預算和資源都非常充沛，一個夏天編列的行銷費用少說三千萬元，但在孵化新創品牌時，由於資源十分有限，即便花個三、五千元，就要來回考慮很多次，也因此更能深刻理解，中小型服務業大店長們的經營處境。

這本書除是我過去三十幾年，參與連鎖服務業的學習反思，也是這幾年投入新創事業，一路上不斷試錯歸納出的心得，尤其透過與很多年輕朋友交流，他們無私分享創業經驗，更讓我從中得到許多反饋和成長。書中提出的諸多經營誤區與思考，老實說我也還在摸索當中，並沒有標準答案，但對於從事服務業的大店長們來說，我建議這些提問可以當成是，檢視門店核心競爭力是否完備，或自我鍛鍊品牌經營能力的習武梅花樁。

特別開心的是，本書也是和商周「大店長講堂」主持人尤子彥，繼《大店長開講：店長必修十二學分／五十個開店 KNOW WHY》，再一次的合作。子彥不但有財經記者的專業素養和敏銳度，對手搖茶、烘焙等零售餐飲業，都有長期深入的觀察，並能用深入淺出的流暢文字，寫出可讀性高的報導。更難得的是，他多年來持續舉辦「大店長讀書會」，貼近服務業經營實務面，所聚焦的關照和觀點，每每成為我們對談時，進行思辯的好問題。

在進行這本書的過程中，二〇一七年底，我受邀前往杭州阿里巴巴的新零售學院交流學習，幾天下來感受非常震撼，他們彎道超車的速度實在驚人。印象很深刻的是，那幾天杭川西湖畔雖然又濕又冷，但課堂內不論是台上發表的分享者，或是台下的學習和發問，都是充滿正能量的年輕人和擁抱夢想的創業家，不禁勾起我三十多年前，第一次飛到美國麥當勞漢堡大學上課的回憶。那一天芝加哥大雪紛飛，但教室裡的我卻是熱血沸騰，腦海中盡是無限可能的未來，還夢想自己有一天，也能站在台上當教授，帶領學員們的夢想前進。

特別提起這一段，是因為常遇到很多台灣媒體圈的朋友，他們總是問我，為什麼台灣沒有厲害的新零售、新物種創新創業者？答案當然有種種論斷，但我的觀察是，其中很大一部分原因和台灣零售餐飲市場趨近寡占有關。用比較嚴厲的話來說，大品牌不是太墮落，就是受到保護，沒有太多新進者帶來競爭和刺激。

這也是我和子彥起心動念寫這本書，最想關注的服務業「痛點」。台灣服務業發展相對較早，市場成熟度也高，不論是輸出中國大陸或新南向，當然擁有無限可能的機會。但關鍵在於，如何讓更多創新野種，有機會結合資本並崁入生態圈，而我們這些行業內的「資深人員」，則有責任扮演推手，將精采的創新企業拉高到國際化層次。這樣一點心願，也希望透過這本書的出版，能得到大家的指導及支持，謝謝！

（本文作者為麥當勞前亞洲區副總裁、上海交通大學海外教育學院兼任教授）

【作者序二】

開店的競爭，是觀念的競爭

尤子彥

「引水人」，是指在港口、峽灣等水域，引導船舶靠港或進出的專業人員，他們不但要熟悉港灣地理條件，判斷永遠在變動的風浪和海象，還要懂船舶機械原理，因為船的種類多樣、噸數有別，每艘船煞車狀況和下錨深度也不同，引水人都必須有所掌握。因此，這份工作必須是由當過老船長的人擔任。

開店創業，如果比喻成一趟航向未知的旅程，儘管一路上沒人可以替你掌舵，但我始終認為，參與《大店長開講》系列叢書，以及商周「大店長講堂」每一位服務業業師，正是扮演協助創新創業者的引水人，他們大方公開自己曾走過的冤枉路，以及從屢敗屢戰中淬鍊的經驗，最大心願是希望每一個不凡的夢想，都能夠安全上岸！

從這樣的信念出發，本書教你開店不踩雷，避開經營的思考誤區。全書架構從０—1單店、1—10多店、10—100連鎖店，服務業門市成長的三階段，盤點出在建立獲利模式（Get the Model Right）、擴大規模（Scale Up），與持續成長（Sustain）的過程當中，經營者經常習而不察的盲點，進而找出一條線上突圍、線下稱王的致勝新路。

之所以說致勝「新路」，在於每一個創業個案都不相同、情境也各異，成功的路徑無法被複製，特別是生活服務業，常見砸大錢開的店，生意未必就一定好；一個再普通不過的待客竅門，卻是百年老舖永續經營的關鍵心法，決勝點在於經營的邏輯和觀念。正如同引船入港，大船不保證就能安全靠岸，小船也未必躲不過風浪，駛得萬年船靠的是，掌舵者的熟練技術與引水人豐富經驗形成的判斷力。

延續《大店長開講》系列，汲取本地服務業實戰智慧的田野精神，本書收錄十五個陸續在《商業周刊》登載，或於「大店長讀書會」進行研討的本土野戰案例，透過讀者都能親身觀察的服務業品牌，親自驗證書中的每一個不踩雷思維。每篇最後則精選自多屆「大店長講堂」課堂上，獲得學員夥伴最多回響的業師金句，皆是進階經營者，能心領神會的江湖一點訣。

這次，非常榮幸接受明元老師指派，一起完成這本書的寫作任務。身為財經記者，必須經常採訪、分析、報導並詮釋服務業形形色色的經營個案。除是資訊整理者，這份工作最吸引我、也最具挑戰性的，是思考每個成功、失敗經營個案，問題背後的問題（QBQ, Question behind Question），而當整理完本書書稿，在明元老師超過半甲子功力的灌注下，也彷彿打通我對於服務業經營思考的任督二脈，自己可說是這本書的第一個受益者。

在撰寫本書期間，我更是打從心底佩服明元老師，他在接近耳順之年，竟推辭掉多個跨國品牌與兩岸大型集團，邀他出任最高顧問的優渥待遇，更將過去擔任大品牌高階經理人的風光放下，捲起袖子開始當一家小店店長，當作第二人生的起跑點，更總是看他穿著牛仔褲和短T，向開店的年輕人們學習請益，這實在需要很大的勇氣，與極好的個人修為。

本書順利完成，特別要感謝我的主管《商業周刊》郭奕伶總編輯，高度重視服務業新聞的報導價值，給予「大店長」從母刊專欄、實體課程到網路社群等，多元載體的嘗試空間；《商業周刊》出版部余幸娟總編輯，起了「大店長」書系名稱，成為國內各財經媒體當中，唯一以系列性出版品，建立在地服務業的經營專論。

另外，要誌謝的還有享萊公司阮衞顥總經理、ＫＰＭＧ創新與新創服務團隊潘奕彰營運長、客意直火比薩徐靜蕙總經理、京懋建設黃珮筠總監等，共同協助本書多處文稿的修訂與完成。此外，本書成果，也要與「大店長讀書會」的夥伴們，特別是讀書會共同創辦人六星集江慶鐘總經理、肯默設計首席總監黃信彰，一起共同分享，因為如果沒有大家這五年多來，每個月不間斷的自發前來，共學切磋服務業的經營方略，像我這樣興趣廣泛、注意力難以聚焦的雙子座，是不可能專心深耕服務業議題，並也才能體悟出，開店創業的競爭，並非較量手上資源的多寡，而是觀念的競爭！

大店長開講3
從單店到百店的O2O經營全思考

目錄

PART 1

0-1：創新創業

PART 2

1-10：複製與成長

找對槓桿，擴大規模 93

PART 3

10-100：O2O 虛實整合

虛實聯盟，永續成長 157

PART 1

0-1：創新創業

勇敢造夢，建獲利模式

1.1
搶「紅海」vs. 闖「藍海」市場？

大家都聽過這個故事：一家製鞋廠派兩名業務員去非洲考察，一位業務員回報說，非洲人不穿鞋子，這裡沒有市場；另一名業務員則說，非洲人都沒鞋子穿，這裡的市場需求大得不得了。

這則經典的商業故事，經常被用來引申，看待相同的一個市場，在有些人眼中可能充滿風險，但有些人則是看到無限商機。這是許多開店的人，在進行商業策略選擇時，面臨的第一道思考題，也是可能踏進的第一個誤區。

這個經營誤區在於，去非洲賣鞋，表面上勇闖「藍海」市場，開創一個尚未被開發、無人競爭的全新市場，避開以低成本廝殺、壓低獲利搶市占率的「紅海」。然而，開創藍海新市場，由於進入者少，消費者因無從比較，即便願意付較高的價格，廠商卻得付出大量時間成本，推廣並教育當地消費者穿鞋的諸多優點，才有機會逐漸打開市場。

也就是說，紅海是經濟學上的完全競爭市場，長期而言不存在超額利潤，後發品牌想進入這個市場，必須要有足夠本錢或資源，才有機會和市場上既有的經營者一較高下。若是以市場先行者地位，跨進競爭不完全的藍海市場，固然可以藉由優先卡位，享有較高的獨占利潤，並建立起顧客的品牌認知和忠誠度，但往往也可能因為走得太前面，等不到市場成熟就已經陣亡了。

特別是在餐飲和零售服務業，由於進入門檻通常不高，經營者面臨的，多半是成熟的紅海市場；受限於既有的消費習慣，若是提供消費者他從未看過的新東西，也未必能順利打開市場，等於是跨入藍海水又太深。也就是說，對新創事業或開一家店來說，不管是選擇紅海，或以藍海作為戰場，踩雷的風險其實都相當高。面對兩難，究竟該如何看待？

不踩雷思維

藍紅定位，次品類創新

跳脫「紅海」、「藍海」的二分法，其實可以找出一種方式，就是從紅海的現有品類當中，發展出次品類的新藍海商機，進行「藍紅定位」（In-between）。

也就是，**從紅海的市場當中找DNA，放進藍海的空白市場中尋求新成長機會，它既非藍海或天馬行空的創新，也可以避開紅海的廝殺**。對消費者來說，因為不是獨創一個人們從未見過的新品類，沒有從頭教育市場的問題，但也和既有的商品或服務，存有一眼可見的差異化。

一九九七年，由豐田汽車推出的Toyota Prius，是全球第一款搭載油電複合動力（Hybrid）的市售車款，即是在汽車市場中，透過藍紅定位的次品類創新典範。傳統汽柴油引擎車款屬紅海市場，缺點是容易造成空氣污染；但藍海市場的電動車，雖行駛時零排污，有效解決空污問題，但為解決長途駕駛需求，必須廣設充電站等基礎建設，且比起引擎車輛，電動車充電時間長，加上售價昂貴等諸多原因，均導致短時間內難推廣普及。

Toyota Prius 解決了這個痛點，由於是搭載汽油引擎與電動馬達的 Hybrid 動力系統，起步時可靠電動馬達動力行駛，無燃油消耗、無廢氣排放；一般行駛時，則以汽油引擎為主電動馬達為輔；踩下煞車踏板時，電動馬達又會將減速的動能轉換為電能，儲存到車載的電池內，除達到降低排污的環保要求，也解決大量建置充電站的難題，車主更完全不必改變原本的駕駛習慣。

這樣兼具汽油車和電動車優點的車款，價格雖較相同排氣量的車款貴上兩至三成，但長期下來，卻能為車主省下可觀的燃油費用，並善盡友善環境的地球公民責任，因此，短短二十年內，Toyota Prius 即以 Hybrid 先驅者之姿，締造該集團此類車款累計銷售突破一千萬輛的傲人紀錄。

在餐飲服務業，次品類創新很好的成功例子，便是 Chipotle，這個掀起美國速食快餐行業，變革旋風的「快休閒餐飲」（Fast Casual Dining）連鎖餐廳。

Chipotle 賣「正直食物」的墨西哥餐廳

全名為「Chipotle Mexican Grill」這家墨西哥風味餐廳，是由廚師出身、熱愛廚藝的艾爾斯（Steve Ells），於一九九三年在美國克羅拉多州丹佛市所創立的「快速慢食」餐廳，主打品項是墨西哥捲餅和炸玉米餅，「快速提供的餐飲不一定就是快餐」是該品牌的經營理念，除販售有營養的健康食物，更訴求店內提供的是「正直的食物（Food with Integrity）」！

和多數速食店很不一樣的是，Chipotle 開店第一天，客人走進餐廳，居然找不到菜單，原來艾爾斯希望客人能親眼看到，吃進他們肚子食物的真實樣貌，而不是精美的套餐照片。因此，餐廳所提供的食物，不只在一眼就能透視的開放廚房內現點現做，直到今天，仍堅持每天人工手切數千磅的番茄，菜單幾乎不太變動，也沒有提供得來速點餐服務。產品雖主打墨西哥捲餅，但除了捲餅，也可以選擇米飯或生菜為載體，客單價約在十到十五美元，比一般美式速食店高出三〇％到四〇％。

最特別的是，點餐櫃檯後方的看板，除第一面寫著「Food with Integrity」

的品牌主張。這家餐廳更昭告消費者，店內提供的所有牛、豬肉，來自放養而不是豢養的牧場，沒有注射抗生素也不打生長激素，生菜則是來自本地農場新鮮直送，全力支持本地生產和綠色採購。因此，進到 Chipotle 的廚房，是看不到儲存食材的大型冷凍庫。

創辦人艾爾斯原本的夢想，是擁有自己的精緻料理餐廳（Fine Dining）。他曾說，開第一家 Chipotle 時，心中只有一個想法，就是做一個餐廳，它可以提供簡單的菜單、美味新鮮的食物，且將高檔餐廳的烹飪方式和速食餐廳的快速服務結合起來，「這就是我想要的，我想其他人的想法肯定也一樣，我們從來沒有偏離過我的初衷。如果發現排隊的人多了起來，我就開第二家、第三家……。」

一九九九年，艾爾斯計畫將 Chipotle 發展為連鎖餐廳，主動聯絡速食業龍頭麥當勞，麥當勞的高層被新鮮美味的墨西哥捲餅打動，投資三億六千萬美元，成為擁有該品牌超過九成股份的最大股東，有了新資金挹注，Chipotle 迅速擴展，很快便開出上百家分店，成為全國性的墨西哥菜色連鎖餐廳。

二〇〇六年股票首次公開發行（ＩＰＯ）前夕，麥當勞基於回歸核心事業考量，出清對這個品牌的持股，雖與麥當勞分道揚鑣，但上市之後，Chipotle的成長力道依舊強勁，之後三年便在全美開了一千家分店，股價更是銳不可擋，從剛上市的每股四十五元，六年內上漲超過十倍，二〇一五年股價更一度來到比蘋果公司等科技股龍頭，還要高的七百五十美元歷史高點，並被《財富》（*Fortune*）雜誌，評選為年度「全球最受讚賞公司」的前五十強。

也就是說，若是在二〇〇八年金融危機之後投資這家公司，收益最高的時候大概有七倍以上，對照同時期投資的若是麥當勞或肯德基，最高收益大概僅一到兩倍，從華爾街資本市場的回饋，充分明白了 Chipotle 在美式快餐文化中所掀起的變革巨浪。

雖然艾爾斯迄今仍未實現開高級餐廳的夢想，但如今，Chipotle 已跨出美國，進軍英國、法國和加拿大等海外市場，上市十年來，總店數突破兩千家，年營收更已成長超過五倍，達到四十五億美元，獲利率更是麥當勞、肯德基等速食店的將近五倍。縱然深受消費者歡迎，二〇一五年五月，艾爾斯仍不藏私公開 Chipotle 最有名的牛油果醬食譜，鼓勵顧客在市場購買新鮮食材，在家自製餐廳菜單上的食物，鼓吹健康餐飲文化。

表：紅海與藍海策略比較

紅海策略	藍海策略
在已存在的市場內競爭	尋找無人競爭的全新市場
參與競爭	非正面對決式的競爭
搶奪現有需求	開創並獲取新需求
低成本戰略以量取勝	同時追求差異化與低成本

分析 Chipotle 成功因素，關鍵之一是它以墨西哥捲餅——這個速食快餐的紅海市場內消費者熟悉的既有品類，導入高檔餐廳的優質食材，並訴求安全有保障的原物料，如有機食品、無抗生素肉品，給人一種不斷努力追求健康潮流的感覺，但卻是負擔得起的價格，打破過去快餐給人垃圾食物的刻板印象，成為滿足消費者對新鮮、營養和健康等需求的創新「次品類」。

至於店內營運模式設計，構築在傳統快餐店的 DNA 之上，也就是以 QSC：質量（Quality）、服務（Service）、清潔（Clean）為核心，提供給顧客的用餐體驗，既有速食餐廳的出餐效率，用餐環境卻更為舒適輕鬆，還可依客人需求提供不同程度的客製化產品，像這樣界於快餐店與正式餐廳之間，以平價奢華為價值主張的餐飲模式，即為一種「藍紅定位」的思考。

野戰案例

「客意比薩 Pizza CreAfe'」好食材的個性化比薩

二〇一六年，在台北內湖科技園區，開出第一家店的「客意直火比薩 Pizza CreAfe'」，是以比薩為載體，進行定位的快休閒餐廳。

Pizza CreAfe' 總經理徐靜蕙指出，由於過去比薩被認知是，公司開會、學生聚會，或者颱風天還是下雨天時，人們不想出門用餐的餐飲選擇，但買大送大的外送比薩，缺乏個性和用餐體驗，已是一個紅海的產品；然而，強調進口食材、專業窯烤設備的高檔義大利餐廳，客單價又過高，無法天天享用，因此，客意比薩進行的次品類創新，是現點現烤的九吋中價位個人化比薩，並以此為主力產品，滿足界於藍紅之間，個性化需求的市場空缺。

基於快休閒餐廳的概念，Pizza CreAfe' 發展出以 Simple（簡單）、Fashion（流

表：快休閒專業比薩的市場空缺

快餐飲 Fast Food	快休閒餐飲 Fast Casual	休閒餐飲 Casual Dining
連鎖外送比薩品牌 如 Pizza Hut	客意直火比薩 Pizza CreAfe’	五星級酒店義大利餐廳
開會分享、平價方便	自選口味、家庭聚餐	慶生犒賞、商務宴客
大眾品牌、主打外送	專業料理、在地風味	專業料理、高級食材

行）、Health（健康），為核心的品牌價值主張。

Simple：提供地中海式簡單調理的真實食材，半自助的服務流程設計，顧客自行在櫃台點餐、用餐結束自助回收餐具，但餐廳提供桌邊送餐服務，營造輕鬆、不拘謹，且有溫度的快休閒體驗。

Fashion：包括四大元素，分別是個性化創意自選口味（Create Your Own Pizza）、簡約時尚的用餐空間設計、多平台行動支付，以及提供與 Uber Eats 等平台合作的外送服務。

Health：除採用進口等級專用比薩麵粉、初榨橄欖油，更強調嚴選台灣在地食材，如來自基隆碧砂漁港，現捕速凍急送的新鮮小卷，雞胸肉則來自南台灣自然放牧、不施打生長激素的黑羽雞，以及來自雲林聽音樂長大的快樂珍豬。

「紅藍定位」的價值創新關鍵，在於先定義出一家店的核心消費族群，再回到那個產業既有的產品規格、服務流程和內外場情境，思考哪些DNA應該被保留、哪些DNA又應該被弱化、提升。基於此，Pizza CreAfe'保留速食快餐餐廳的點餐、出餐效率，但以桌邊服務提升顧客用餐體驗的價值感。在廚房端，採開放廚房取代後廚製作，更投資設備，使用義式餐廳專用的轉盤式窯烤爐，提升食物口感和美味度，與制式化生產的平價比薩，產生具差異化的產品優勢。

此外，考慮在內湖科技園區開出第一家店，也是基於品牌定位。由於科技園區裡的消費客群，多為高科技業白領階級，對於異國料理及新餐飲型態的接受度較高。藍海的特性是與消費者溝通創新的模式，但基於現實面考量，必須加快腳步。選擇從內科園區起步，一方面能滿足園區內上班族午餐的剛性需求，一方面可測試顧客對於新式餐飲的接受度，在藍紅之間進行適度調整。

呼應快休閒的品牌定位，餐廳內部的環境布置，也充滿義式風格元素。一進到餐廳內，就可以看到一袋袋來自北義的麵粉、一桶一桶義大利進口的冷壓橄欖油，及來自台灣各產地的鳳梨、檸檬等新鮮水果，作為展示空間的環境要素。

據研究調查，若把義大利人的手綁起來，他們就無法好好說話，代表手勢等肢體語言是義大利人慣用交流文化。因此，牆壁上的裝飾圖案，則以義大利人常見的手勢圖形，呈現比薩發源國家的生活文化，就連 Pizza CreAfe' 的 Logo，也把地中海的藍與比薩切片形狀，都一併融入設計當中。

除提供舒適用餐環境，與速食餐廳做出區隔，Pizza CreAfe' 亦與多平台合作，除 Uber Eats 等第三方外送平台，也和新加坡商奧得利（Oddle）餐廳網站設計公司合作，以租賃方式自建外帶外送訂餐系統，並串接啦啦快送（Lalamove）外送服務，解決餐廳自組車隊的成本與風險，打造虛實整合的新餐飲服務模式。

大店長講堂金句

有夢想、當玩家、願意用心的人永遠不會失業。

——客意比薩 **李明元**

不踩雷便利貼

1.1

- 想勇闖藍海，得要有花時間教育消費者的心理準備。
- 不是別人沒做過的才叫創新，也可以進行次品類創新。
- 紅藍定位，是從紅海尋找 DNA，放進藍海的空白市場。

Memo

1.2 高價市場好賺？低價市場有量？

「定價位」，是進行品牌定位的基本動作，一家店只要為所提供的服務或產品，定出價格帶，往往就能確認目標客群。很多人說，開店要鎖定金字塔頂端，有錢人的錢才好賺，真的是這樣嗎？

台灣最大的餐飲公司王品集團，曾在二〇一四年提供給投資人的財務報告書揭露，該集團不同價位品牌的獲利率（營業利益）。財報顯示，以提供豬排飯快餐、涮涮鍋和咖啡輕食，每客平均單價約在兩百五十元至三百元左右的品田牧場、石二鍋、曼咖啡等，這些主攻庶民經濟的平價品牌，獲利率僅二．五％；遠不及客單價超過五百元的西堤、陶板屋等中價位排餐的一〇．五％；更無法和客單價一千元以上的王品牛排、夏慕尼鐵板燒等高價料理，所創造出來的一一％營業利益水準相比。

從這份財報看來，高價產品獲利率高，有錢人的錢似乎比較好賺，定位為預算型的餐飲品牌，由於進入門檻低、競爭者眾，勝出難度更高。以石二鍋為例，一腳踏進紅海市場，即便背後有集團撐腰，但進軍大陸市場五年後，直至二〇一七年底，仍因遲未獲利，而難逃撤出當地市場的命運。

低價市場有量，卻只有薄利可圖，但高價產品的問題則是，市場胃納量有限，不易擴大經營規模，從全球大型餐飲品牌，如星巴克、麥當勞等，沒有一個是追求米其林星級評鑑的，都說明金字塔頂端客人畢竟是少數。以王品集團來說，客單價越高的餐廳品牌，如王品牛排、夏慕尼鐵板燒，總店數最少，營收難見大幅度成長，成長力道多來自中低價位的餐飲品牌。

亦即，有錢人的錢就算比較好賺，但卻難以規模化，無法支撐永續成長的商業模式。如何解決這個價格定位的兩難困境呢？

不踩雷思維

搶增量市場，降維打擊

只是將服務或產品，區分為高、中、低價位，進行市場定位，很容易踩進開店的誤區。**更好的思考方式是，與其設定價位，不如仔細評估打算切入的品類和需求，是屬「存量市場」還是「增量市場」，作為設定目標客群（Target Audience，簡稱TA）的依據。**

「存量市場」指的是已趨於飽和的市場，產業高度成熟化，競爭講的是搶市場占有率，比的是供應鏈效率或CP值（性價比），普遍是落入紅海的競爭型態。舉例來說，台灣汽車市場的新車銷售，八成比例以上屬第二部車的換購需求，加上各縣市大眾捷運路網持續建設，新車銷售即為典型的存量市場，因此，靠掀價格戰刺激銷售成長、提高市占率，便成為免不了的競爭手段。

至於「增量市場」，指的則是，市場銷售規模還有上升空間，這類產品市場大餅持續擴大中，甚至還能搶食類似品類的藍海市場。通常在增量市場，競爭的是產品創新能力，獲利空間也較大。例如觸控式的智慧型手機剛推出時，市場上大多數消費者都還未擁有，人人除都有換機的新需求，且因改變人們使用手機的方式，同時也搶走傳統按鍵式手機的市場份額。

「增量市場」一開始利潤較高，吸引新競爭者加入，經過爆炸式增長之後，也因為需求逐漸被滿足，而成為「存量市場」。例如，上述提到的智慧型手機，在多數人都還沒擁有第一支智慧型手機時，是由賣方主導的增量市場，但當人手一支智慧型手機，市場以換機需求為主時，就進入銷售成長平緩的存量市場。

對服務業來說，由於市場需求動能來自生活型態（Life Style）的演進，因此人口學統計和消費趨勢演進，便成為判斷增量或存量市場的重要依據。

麥肯錫研究報告曾預測，隨著中國大陸中產階級人口快速增加，到二〇二二年，中產階級大軍將達五．五億人。根據該報告的定義，中產階級細分為高收入中產階級與一般中產階級。前者家庭年收入介於一．六萬至三．四萬美元，後者家庭年收入介於九千美元至一．六萬美元。二〇一二年，五四%的中國大陸城鎮家庭屬於一般中產階級，但到了二〇二二年，隨著高收入的高科技和服務業就業機會增加，這群人將走進高收入的中產階級行列。

這對生活服務業來說，最重要的意義是，中產階級增加帶動的外食需求，顯然是一個長期增量的市場。特別是，跳脫滿足溫飽、滿足消費升級需求的中價位餐飲，不論是複合型態休閒餐飲，或異國料理餐廳等，在兩岸餐飲市場都有極大的成長空間。

台灣麥當勞　攻早餐增量市場

另外，從生活趨勢觀察，亦可精準判斷所設定的商機，是否為增量市場。二〇〇九年，台灣麥當勞和 7-Eleven 等便利商店，相繼推出超值組合餐點，大舉搶進早餐市場，帶動單店業績大幅成長，看準的便是，當時人口結構大幅改變，家戶人口數逐年遞減，每戶降至三．一人；進入全球化時代，二十四小時全時段都有人在工作，走向多工、多食、多餐的社會型態。

其帶來的餐飲需求變化是，小家庭外食頻率增加，且在所有餐期當中，又以便利需求最高的早餐時段，整體市場規模估計達千億元，為最具成長動能的增量市場。

表：增量與存量市場比較

存量市場	增量市場
趨於飽和的市場	具極大成長空間
產業高度成熟化	市場贏家未定
搶市場占有率	比產品創新力
廠商獲利率低	廠商獲利率高

增量市場的特性是，消費者通常比較理性，不是便宜就好，重視產品品質也不追求名牌炫耀，期待的是合理性價比。也因為市場較能夠承受中端訂價，對廠商來說，則可獲取合理利潤，比較有條件進行產品的創新，若能發動降維打擊，拉高產品與服務對應的規格，便能引爆中端市場的需求。

這是為什麼，當二〇〇九年，台灣麥當勞在強攻早餐市場之前，即先施行舒食（Fast Casual）策略，店內裝潢大幅更新，從櫃台、生產、科技和流程都進行改造，翻新門市形象，為強調用餐愉悅體驗，不同以往硬梆梆的塑膠座椅，改以暗色皮革沙發搭配柔色燈光，增設多人共餐的長桌，並配合子品牌 McCafé 進駐，櫃台區挪出兩個點餐收銀機位置，改造為獨立咖啡吧，並推出咖啡、貝果、蘋果、鬆餅和蛋糕等餐點，將速食店咖啡館化，打造理想的早餐用餐環境。

這套先瞄準早餐這個增量市場，提供不輸咖啡館體驗價值，並祭出速食店價格的降維打擊策略，果然一舉奏效，不但讓當時台灣麥當勞早餐賣出的咖啡量，佔到全日的六成；更讓早餐業績成長二〇%，擴增為全天總業績的兩成。

回到一般店家的角度，若將餐飲市場看成是一個光譜，高端有米其林星級餐廳，低端則有提供不打烊、即食微波料理的連鎖便利商店，和不需店租成本的街邊夜市小吃攤，從供給面的競爭來看，各品類的中端市場都還有很大的缺口，可以進行滿足中端需求的降維引爆！

野戰案例

「85度C」街邊的五星級甜點

二〇一七年，這家店在美國德州休士頓，開出全球第一千家分店，人龍從店內綿延至店外，結帳平均要等上近一個小時，排隊人潮直到半夜十二點關門未散，只為了一嚐台式麵包的美味，以及風味獨特的海鹽咖啡。

二〇一一年，在國際知名品牌調查單位 Interbrand 的評選中，這家店入榜「台灣國際品牌價值調查」前二十大，並以逾兩億美元的品牌鑑價金額，排名第十一，超越自行車品牌美利達與食品業的統一企業等，是歷年來首次入圍此項品牌調查的餐飲服務業者。

這家咖啡烘焙複合店，就是兩岸消費者十分熟悉的「85 度 C」。它第一家店，開在新北市永和的樂華夜市，雖是在夜市街邊，但主打的卻是，莊園級咖啡豆平價咖啡，以及由五星級主廚監製的精緻蛋糕，並將尹自立、倪世豪、鄭吉隆、吳飛燁等，從五星級酒店聘來的主廚們，身著白色廚師服放大照片，和參加比賽得獎的赫赫戰功，高掛在門市外牆當作展示。

瞄準精緻甜點的增量市場需求，主打「五星級商品、平民化價格」的平價奢華，是 85 度 C 能在創立短短十三年間，就在全球開出千家門市的兩大致勝關鍵。

事實上，這樣的餐飲模式並非 85 度 C 首創。早在 85 度 C 成立的四年前，南部金鑛連鎖咖啡，就已推出結合精緻蛋糕和平價咖啡的複合型態。當時烘焙市場尚處於高價化與低價化的兩極化階段，金鑛咖啡切入中價位的個人化蛋糕市場，並在市區黃金地段，推出二十四小時營業的服務，當時星巴克咖啡才剛登陸台灣，重心仍鎖定在北部都會區，訴求「高貴享受，平價消費」的金鑛咖啡，在南部市場很快便一炮而紅。

從消費市場演進的角度觀察，當時台灣正處於咖啡市場快速成長的爆發期，除一杯要價百元的國際品牌星巴克，也有訴求三十五元就能喝到好咖啡的壹咖啡，土洋大戰百花齊放，三五好友相約喝下午茶成為時尚，同步帶動周邊烘焙甜點的市場需求。

85度C創辦人吳政學並不諱言，其品牌模式是師法金鑛咖啡，但同樣從這個增量市場出發，和其他本土連鎖咖啡品牌最大的不同是，吳政學一開始就鎖定以蛋糕作為主打。原因很簡單，因為，當時咖啡市場尚未完全成熟，多數消費者對於咖啡好壞的辨識度不高，但蛋糕好不好吃，一口就吃得出來。與其和星巴克比拚咖啡好不好喝，不如投入高品質口感，又能標準化製作的烘焙甜點，透過加盟授權方式全台展店，隨即迅速在咖啡烘焙的增量市場，打響品牌知名度。

此外，85度C創業初期，訴求三十五元就能吃到五星級蛋糕，把五星級味道發揚光大的「平價奢華」品牌定位，也是一記降維打擊的成功策略。但由於只賣五星級酒店蛋糕不到三分之一的價格，又要維持一定品質，營運模式就必須以量取勝。因此，有別於星巴克等提供顧客休憩空間的咖啡店，85度C採外帶店的店型設計，且為追求高坪效，不但搶在大量人流經過的三角窗開店，也提供外送服務，提高單店營收。

至於，五星級酒店挖來的金牌主廚，除當作自家品牌的最佳代言人；建立起的研發團隊，每月更推出二十多款新品，品牌行銷及產品創新雙軌並進，都是當時大部分本土咖啡店或烘焙品牌，絕少願意投入資源進行的品牌投資，卻也因此建立起了日後85度C的經營門檻。

大店長講堂金句

本小利大利不大，
本大利小利不小。

——春一枝商行 **李銘煌**

不踩雷便利貼

1.2

- 評估切入的市場是否為增量市場，比設定價格帶更重要。
- 增量市場的特性是，消費者較重視品質並不是便宜就好。
- 增量市場判斷基礎，來自人口學統計與消費趨勢的觀察。

Memo

1.3

勤做市調 vs. 放膽試錯？

《賈伯斯傳》（*Steve Jobs*）書中曾提到，為蘋果公司創業階段，帶來巨大成功的麥金塔個人電腦，第一代產品問世那天，賈伯斯（Steve Jobs，1955~2011）接受媒體採訪時，對於「市場調查」所提出的看法，很值得創業者參考。

記者問賈伯斯，麥金塔上市前，做過哪些市場調查研究？只見他對這個問題嗤之以鼻，還反問對方：「貝爾發明電話前，做過市調嗎？」

賈伯斯並不相信，消費者總是對的，他認為只有先知先覺才能創造出偉大的產品，而非一味迎合市場的需求。「你不可能問一個對電腦一無所知的人，這電腦應該如何如何。因為根本就沒有人見過啊！」他說，除非你拿出東西給顧客看，不然顧客不知道自己要什麼，蘋果公司的任務是預知，「只有差勁的產品才會做市調！」

不只賈伯斯這樣思考，全世界第一個使用流水裝配線，大批量生產汽車，創立福特汽車帶來汽車工業革命的亨利・福特（Henry Ford，1863-1947）也曾說過：「如果我問顧客他們要什麼，他們肯定會回答我：一匹跑得更快的馬！」因為，在汽車普及之前，人們最熟悉的交通工具是馬車。

賈伯斯和福特，一個掀起科技文明的變革，徹底改變人類運用資訊的方式；另一個則是讓汽車走入人們日常生活，影響過去百年來的社會和文化。很顯然，他們在構思產品時，都不是靠做市場調查得出的方案，**與其靠策略突圍，不如說他們擁抱駭客精神！**

靠創新、創意，勇於突破框架思考，引爆消費者前所未有新需求，絕非科技業或製造業的專利，尤其進入新經濟，電商等數位工具發達，當嘗試新商業模式的成本變得越來越低，服務業更具創造全新顧客需求的空間。但前提是，必須具備敢變、試錯，以及擁抱失敗的心態與膽識。

不踩雷思維

駭客精神，試錯即市調

勇於試錯的創業者，可以用具備「駭客（Hacker）」精神來形容。「駭客」，通常是指對程式設計和資訊科技有高度理解的人，他們在未經許可情況下，利用電腦網路進入對方的資料庫，搞破壞或進行惡作劇。

但駭客精神也有正面意涵，指的是善於獨立思考、喜歡自由探索的一種思維方式，他們保有對新事物、新鮮事，具好奇感的赤子之心，也總是以懷疑的眼光看待一切問題。這樣喜歡動腦筋、凡事打破砂鍋問到底，以及喜歡動手創作的特質，也都是創新創業不可缺少的企業家精神（Entrepreneurship），且不限於高科技領域的專才，在不同領域或行業，表現出類拔萃的頂尖人士身上，他們身上往往都有這樣的特質。

「試錯」（嘗試錯誤，Trial and Error）的創新途徑，則是把工作交給環境，藉由環境篩選出，成功概率更高與最佳決策的解決方案，這與進行市場調查研究，推導市場需求的方法正好相反。如麥肯錫管理顧問公司曾提出的 7S 管理理論，闡述現代企業在發展過程中，必須全方位考慮的各方面問題，包括戰略（Strategy）、結構（Structure）、制度（System）、人員（Staff）、技能（Skill）、風格（Style）與共同的價值觀（Shared Vision），做為決策邏輯和基礎，這些面向固然都是企業成長需要關注的，但對於創新事業來說，最重要的是快速建立能獲利的商業模式，創意必須凌駕策略！

哈佛大學教授麥克南（McNair, M.P.）便曾提出「零售輪轉理論」（Wheel of Retailing Theory），來形容零售業或流通業的變革，就像滾動的大輪子，如果沒有不斷變更服務模式，持續進行業態創新，可能就會在巨輪裡被淘汰掉。**由於生活創新，是驅動服務業產業成長的基礎，因此，具駭客精神的「試錯」，不只是用來解決問題，更是建立創新商業模式的必經之路**，如同賈伯斯說的：「寧可幹海盜，也不當海軍！」

7-Eleven 賣咖啡　試錯闖出百億商機

手搖茶和咖啡，即是靠業態創新，以及業者不斷試錯，從中創造需求，帶動產業持續成長的餐飲服務業。台灣連鎖暨加盟協會二〇一五年曾統計，口味推陳出新的街邊手搖茶，台灣一年要喝掉一〇・二億杯，尤其在夏天，年輕消費者人手一杯，常常也是許多上班族，外送下午茶的選項。由於市場需求產值高達數百億元，且年年成長，近年也吸引 7-Eleven 等便利超商，加入現調手搖茶這個戰場，讓消費者二十四小時都能喝到珍珠奶茶。但若是把時間往前推二、三十年，很難想像有這樣需求存在。這就是一個無法靠市場調查結果，事前推斷出來的巨大商機。

咖啡市場也是。根據業者統計，從一九九八年，第一家星巴克咖啡進駐台北天母商圈，開啟了台灣咖啡市場的戰國時代，特別是二〇〇四年起，7-Eleven 推出 CITY CAFE，各大便利商店開始賣起現煮咖啡，這項生活服務業的破壞式創新，不只改變咖啡市場的消費型態，更讓原本被視為奢侈品的研磨現煮咖啡，成為人們日常生活的必需飲品，帶動國人咖啡消費的大幅成長，也成為便利商店獲利來源的新動能。

而在 7-Eleven 全台五千多家門市內，現煮咖啡的年銷售金額，更從二〇〇四年的九千萬元，增加到二〇一六年的一百一十八億元，累計銷售杯數高達三億杯！如果將 CITY CAFE 視為一個品牌，也是台灣餐飲零售史上，唯一一個十年內，創造出百億年營收規模的超級品牌。

事後看來，CITY CAFE 切入市場的時間點，掌握了國內咖啡文化風行之後的增量需求，但成功背後，其實是一連串放膽試錯的過程。

事實上，早在一九八五年，統一超商就導入美國 7-Eleven 模式，在全台兩百多家門市導入現煮的滴漏式咖啡，但因當時台灣喝咖啡的人口和環境尚未成熟，銷售量每況愈下，門市常常煮了一大壺咖啡，賣不出去又倒掉，只賣了短短四年就黯然退出市場。

二〇〇一年，星巴克進入台灣三年之後，7-Eleven 捲土重來，再次推出「街角咖啡館」，嘗試在門市試賣現煮研磨咖啡，半年內開了一百家，還是沒有成功，直到壹咖啡、85 度 C 等平價咖啡品牌風行，咖啡逐漸走進許多人日常生活後，二〇〇四年「CITY CAFE」上場，輔以品牌化、情感化的品牌行銷主張，才把人們消費咖啡的場景，拉進到便利超商內。

也就是說，擺脫傳統的策略思維，創業者只要願景（Mission）明確、信念（Belief）堅定，透過不斷試錯、不斷嘗試，一旦找到市場破口或消費者痛點，就有機會因為一點突圍，而讓品牌能快速崛起。這樣一邊做夢、一邊蹲馬步，從中探索對的獲利模式，逐漸成為新零售的商業創新法則，雖對傳統商業模式帶來顛覆性破壞，卻也給了創業者前所未有的新機會。

一點突圍　全通路思考

特別強調創業者需具備駭客精神，在於過去開店得先做大量的商圈評估、消費行為調查，但如今進入O2O（Online to Offline），線上線下整合的新零售經營環境，除了開設實體門市，網路上也隨時可以開店，更可同步透過臉書、直播或IG經營線上社群，商業型態已從二維的平面思考，快速演變為虛實整合的三度空間，創業者「試錯」機會成本大幅降低，試錯甚至即是市調，一家店就算不是開在黃金商圈，透過電商平台，只要能在產品或服務找到一個爆點，有「梗」就有機會成為爆款，讓社群粉絲願意紛紛為你而來。這便形成了數位顛覆浪潮下的服務業，最重要的特色之一：全通路（Omni-Channel Retail）銷售模式。

「全通路」指的是零售業運用移動互聯網技術，以消費者為中心，整合實體店鋪、網路電商、社群媒體，以及智慧型手機行動設備等，都屬多元化的通路管道，每一種通路類型，都可以是產品接觸到消費者的破口；從售前到售後服務過程中，更可借重人工智慧等科技，進行大數據分析，提供全方位的流程體驗，例如進行商品的動態定價，在不同時段對不同等級會員，給予不同的價格回饋。

對具備駭客精神的創新創業者來說，全通路商業環境帶來的最大好處是，可以透過結合線上線下的Ｏ２Ｏ思考，一點突圍展開全面性攻擊。美國知名電商亞馬遜（Amazon.com），即是運用科技創新，從線上書店起家，掌握廣大會員之後，發動一點突圍奇襲，如今發展成為全方位新零售通路，還併購線下知名有機超市 Whole Foods 的典範代表。

野戰案例

「真芳早餐店」用古早味駭進誠品

街邊早餐店是台灣的特色之一，不只有美而美、麥味登等連鎖加盟品牌，還有許多家庭式經營的小店，開店密度比便利商店還高，市場大餅雖大，但由於進入門檻低，要在早餐市場開店求生，必需具備駭客精神！

創立於二〇一五年的「真芳碳烤吐司」，主打碳烤三明治和古早味蛋餅等這類傳統台式餐點。二十八歲的老闆張文哲，不但第一次開店就成功，三年內還連開三家，第三家店更獲誠品商場邀請進駐，憑的就是找出早餐店痛點，大膽提出解決方法，突破市場天花板的駭客精神。

真芳第一家店，開在台北市信義區松山高中附近，若依傳統開店前的商圈市調邏輯，並非理想的開店地點。因為，早在真芳之前，方圓三百公尺內的商圈，就已有十四家早餐店，這還不包括附近多家便利商店，真芳既無老品牌的熟客群支持，提供的產品又不具絕對差異化，為何可以生存下來？

關鍵在於張文哲觀察到，**街邊早餐店這個市場，表面上看起來非常競爭，**

但每家店卻未必有充分的競爭力，許多早餐店是以夫妻為主的創業型態，家庭式經營不利創新，除導致產品無法持續更新，店內清潔衛生往往也無力維持，更無法運用數據化資訊，進行營運管理或線上粉絲經營，當開店多年品牌老化，面對市場競爭只能淪入價格競爭的紅海。

更嚴重的問題是，多數傳統早餐店老闆，並沒有意識到，靠低價和產品多樣化取勝，正讓早餐店存在的核心價值不斷流失。

拚低價的代價是，必須犧牲原物料品質，食品安全出問題的風險隨之提高；產品多樣化的陷阱則是，一家早餐店包含冷熱飲品，常可見動輒近百種品項，從漢堡、三明治延伸到鐵板麵、豆漿、飯糰等，中西式一應俱全，不但造成備料上的困難，更影響出餐速度，**這和早餐店原本應該提供給外食族，安全、快速的最重要核心價值，反而是背道而馳的**，長期下去，就算東西再好吃，也未必能永續營運。

為解決這些痛點，真芳簡化早餐品項，只提供三種冷熱飲，七種餐點供顧客選擇，雖是現點現做，但由於廚房作業流程簡單，可維持高效率的出餐速度。除主打碳烤三明治，另一項主力產品，則是部落客強力推薦的古早味粉漿蛋餅，呼應「保留小時候單純的味道」的品牌訴求。

把關食品安全方面，則使用來自牧場直送的雞蛋和肉品，前一天才調味備料，而非傳統早餐店的食品工業冷凍製品。真芳客單價約在一百二十元，即使較家庭式早餐店貴約兩成，因吸引的主要是商圈內的上班族，重視食安的消費客層，這樣的價格屬可負擔的範圍，因此，第一家店開幕不久，隨即在該商圈內站穩腳步。

由於嚴控品項，大幅提高廚房作業效率，讓真芳也有條件發動「一點突圍」的攻擊，與 Uber Eats 等外送平台服務，成為市區內商務型或自由行旅店，提供特色早餐的配合商家，外送營收占比可達一五％左右。

另外，擔任過旅行社領隊的張文哲也發現，台灣的街邊早餐深受許多自由行觀光客喜愛，透過網路粉絲團的傳播，很多日本和香港客人都慕名前來，因而來自觀光客的營收占比，經常也維持在一五％到二〇％之間，開第二家店時，更為此規畫廁所空間，爭取觀光客的網路推薦分數。

靠外送訂單和來店的觀光客，真芳帶進比一般傳統早餐店，多達三分之一以上的營業額，可說賣的雖是傳統早餐，但搶的是社區商圈外的新生意，讓傳統早餐店，成為也能個性化經營的永續商機。

大店長講堂金句

如果你能改變你的思考方式，
你就能改變你的人生。

——星球爆米花 **李佳祐**

不踩雷便利貼

1.3

- 切入成熟市場，與其靠策略突圍不如擁抱駭客精神。
- 零售流通業變革就像滾動的輪子，必須持續業態創新。
- 服務業成長靠生活創意驅動，容錯才能鼓勵團隊創意。

Memo

1.4
拳頭產品 vs. 共創客需？

產品，是商業模式的基礎。舊經濟時代，一個拳頭產品，往往是帶動品牌銷售成長的強力引擎。不過，進入新經濟範疇，特別是互聯網帶來的數位革命，正讓服務業的「產品」定義變得多元。

舊經濟時代，以在全球展店超過三萬六千家的麥當勞為例，光靠大麥克（Big Mac）、雞塊拳頭商品，即可以貢獻整體營收三成至五成。因此，對麥當勞產品部門來說，挑戰在於，如何設計或挑選出一個熱賣產品，能讓全世界消費者都埋單。

但新經濟卻正改寫「產品」的遊戲規則。

二〇〇八年創立的Airbnb，旗下沒蓋任何一棟飯店，卻靠協助人們將空置的房間出租，在將近兩百個國家提供住宿服務，成為全世界最大的旅宿業者，市場估值竟超越在全球管理逾五千七百家酒店、提供超過一百萬間客房的萬豪國際酒店集團

（Marriott International）。線上叫車平台 Uber 也是，不擁有任何一部出租車，卻成為全球最大的汽車服務提供者；還發展出 Uber Eats 送餐平台，成為全球超過兩百個城市的餐廳店家，開拓線上商機的合作夥伴。

Airbnb 和 Uber 的崛起，充分說明了，科技創新本身，已成為服務業新加入的競爭者。

也就是說，過去科技只被當作提高生產效率的工具，扮演促進者（an Enabler）角色。但在新經濟範疇，科技本身已成為一個產品（End Product）。假設你今天開的是旅館，競爭者不再只是商圈內的另一家旅館，而是透過數位科技打造的 Airbnb 訂房平台，所提供的周邊所有民宿，以及 Agoda、Trivago 等各跨國飯店訂房網站。

餐飲市場新加入的競爭者，則是 Uber Eats 或 foodpanda 等，這類網路訂餐平台，在中國大陸，訂餐平台甚至靠著「方便」的優勢，讓泡麵市場三年內少賣了八十億包。面對數位科技帶來的破壞式顛覆，你的店該如何因應呢？

不踩雷思維

客需為王，與顧客共創

數位科技更進一步顛覆的是，原本存在生產者與消費者之間的界線，也被模糊了。原本提供商品或服務的一方，如今兼具消費者身分；而原本只接受商品或服務的顧客，也開始成為產品的提供者。

例如在 Airbnb 網站，你除可以預定海外旅遊時的民宿，也可以把這段時間家中的空房，開放給其他的 Airbnb 會員租用，這樣「消費者即生產者」的商業型態，創造了一個新名詞叫做 Prosumer（Producer ＋ Consumer），它所形成的，也是以大數據建立的演算法，媒合生產者與消費者兩端的平台經濟。（圖 1.4）

如同尋找市場需求破口，存在經典策略思維與駭客精神，兩種不同的途徑；**思考產品設計，同樣也存在兩個方向，一個是遵循從核心產品出發的紀律，另一個則是以顧客需求為中心，和消費者共同開發產品**。

從核心產品出發，主要的路徑是採納（Adopt）、調整（Adapt）、到創新

圖 1.4：平台經濟模式

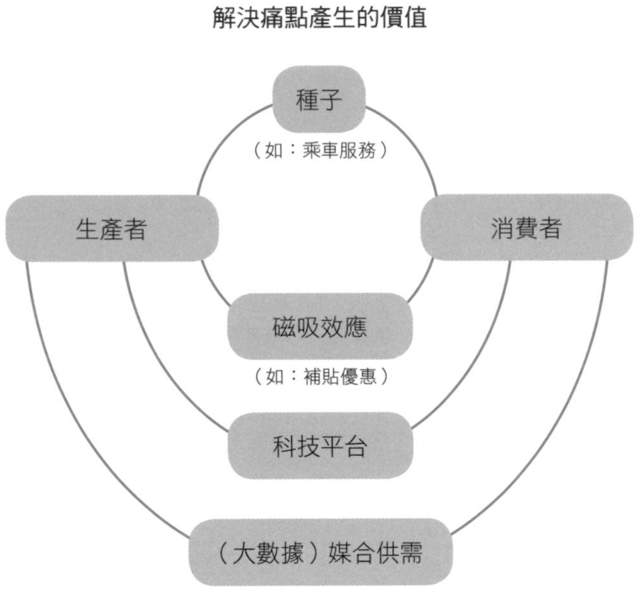
解決痛點產生的價值
種子
（如：乘車服務）
生產者
消費者
磁吸效應
（如：補貼優惠）
科技平台
（大數據）媒合供需

（Innovate）的三部曲。早年麥當勞在台灣擴大雞肉產品選項，即是依循這樣的路徑。

首先，在「Adopt」採納階段，先找出全球麥當勞總部產品庫裡，具獨特性的雞肉類產品，主打麥克雞塊、麥香雞漢堡。第二階段是進行調整「Adapt」，除進軍聚餐家庭市場，推出九塊、二十塊的麥克雞塊餐，並研發泰式酸辣、蜂蜜芥末等口味的沾醬，迎合在地口味。進入第三階段「Innovate」，才著手做創新，結合供應鏈端的研發能量，並投資門市端的生產設備，讓原本只製作漢堡的廚房，也能在短時間內提供炸雞餐，台灣成為全球麥當勞首推帶骨炸雞的市場，讓一系列雞肉菜單，不但做到在地連結，也不脫既有的品牌特色。

漢堡王的逆襲　以客需為中心

另一途徑，則是以顧客需求為中心，提供客製化產品。漢堡王（Burger King）多年來在美國市場，提供「Have It Your Way」（我選我味）點餐方式，讓顧客依個人喜好，自行選擇漢堡的原料，例如，是否要加起司、多加肉片或者拿掉生菜等，逆轉美式速食業對於產品設計的慣性做法，可說是十分經典的案例。

為提供差異化的用餐體驗，漢堡王在顧客完成點餐之後，點餐系統還會依所勾選的內容物，自動計算出餐點熱量。這個保留自由度、滿足顧客差異需求的客製化策略，深受千禧世代年輕消費者認同，不僅打造出有別於對手的產品特色，漢堡王後續更主打「Be Your Way」（做你自己）情感連結，進一步強化個性化的品牌定位與價值主張。

漢堡王此舉，加速麥當勞等競爭對手，打破過去半個多世紀以來，維持的標準化生產流程。

二〇一四年底，麥當勞在雪梨推出第一台客製化漢堡點餐機，這項「Create Your Taste」（我創我味來）自助服務，消費者可透過觸控螢幕，自由選擇多達十九種的漢堡配料，還多了酪梨、玉米片和烤鳳梨等創意選項；醬料也從最基本的番茄醬、芥末醬，新增了香草蛋黃醬、番茄洋蔥醬等；甚至也有不同的漢堡麵包可以自選，不論想要幾層漢堡肉、幾片培根都可以自由搭配，因

表：新舊經濟差異比較

舊經濟	新經濟
通路為王，掌握實體通路便能掌控市場	虛實整合，全通路思考線上線下互相串接
單邊效應，供給方以追求市占率極大化為經營目標	平台化連結供需雙方，創造多邊效應，科技本身就是產品
創造規模降低產品成本	越多人共用平台，營運成本越低
製造者與消費者涇渭分明	生產者也可能是消費者

為是非標準化產品，出餐速度較慢，售價也依選單內容而定。

另外，和消費者共創（Co-create）菜單，也是一種兼顧規模化生產，並在剛性需求與生產效率之間取得平衡的作法。

二〇一五年底，台灣麥當勞宣布推出先選主餐再任選配餐的「自由配」，取代國人熟悉的「1號餐」、「2號餐」，漢堡主餐加薯條、可樂的超值全餐點餐模式，成為繼日本等餐飲成熟市場之外，取消提供標準化套餐的地區。

無獨有偶，向來以套餐為旗下多品牌主力菜單形態的王品集團，也幾乎在同時宣布，主打的西堤牛排，將不再只提供標準化菜單，採取單點、輕食與套餐並行的多元供餐模式。

進一步探討麥當勞、王品為何要「化簡為繁」，大玩菜單排列組合遊戲，改變顧客好不容易建立起來的點餐模式？除多元餐點組合帶來的新鮮感，提高顧客短時間內再次回購的動機，帶來擴大營收的效果之外；邀請消費者共同參與菜單設計，也符合創造商品價值感的服務業潮流。

如同旅遊業常見的「機加酒」行程組合，或便利商店推出ＤＩＹ大亨堡，讓顧客動手加生菜、黃瓜等配料，都是將產品定義權移交給顧客，藉以提高滿意度的類似做法。

實證研究更顯示，**顧客通常願意為自主選擇多付出代價**。《哈佛商業評論》曾指出，只要提供的選項夠多，消費者就算在自動點餐螢幕（Kiosk）前，都傾向願意付出較高的消費金額。以麥當勞提供消費者，透過觸控點餐機客製的漢堡來說，售價雖是普通漢堡兩倍，仍深受粉絲歡迎，亦驗證客製化的魅力。

然而，點餐流程改變，雖滿足消費者多元需求，卻牽動廚房作業流程，以及原物料供應鏈等後勤作業系統。對餐飲業來說，提供標準化套餐的最大好處，是便於食材採購與成本管理，若是要滿足客製化的點餐需求，食材準備與損耗管控的難度勢必提高，得強化日常顧客點餐資料的處理精確度，也就是進行更嚴密的數據分析和預測，才不會因提高顧客自由度，導致食材成本隨之提高。

接下來，大數據的充分運用，則將促成產品從客製化，進一步發展為滿足個性化的客需化。

「客製化」和「客需化」最大不同之處在於，「客製化」仍是以達成大量生產為基礎，顧客僅參與產品部分設計或生產，店家的任務是如何設計彈性化生產流程，又能兼顧成本和效率；「客需化」則是以顧客為中心的Ｃ２Ｂ（Consumer to Business）逆商業模式，重視顧客體驗，引導顧客深度參與，產出的是個人化產品。典型的例子是，提供廚房空間、原物料和食譜，讓消費者動手完成手做餅乾或蛋糕的ＤＩＹ烘焙教室。

不管是客製化的出現，或個人化客需的趨勢，店家的任務是，必須得在日常剛性需求、品質效率，以及場景體驗，找出新的平衡點。管理原物料供應鏈，則需從過去的垂直分工模式，走向多元網絡與在地化的採購型態。以開餐廳為例，即可串連在地小農與個別生鮮食材供應商，將原本綁定上下游的長鏈模式，走向分散式的短鏈結盟，建立原物料端的彈性化採購能力，這樣也才能因應與消費者共創產品時，產品生命週期變短快速迭代的頻繁變動。

野戰案例

「iFit 愛瘦身」開發新品先聽鐵粉意見

二〇一二年底，從一個分享減肥經驗的臉書粉絲團開始，iFit 愛瘦身創辦人陳韻如靠著親自操刀內容，主打「健康吃、健康瘦」觀念，分享瘦身相關知識的插畫和文章，不出五年，即發展成為擁有百萬粉絲、台灣最大的瘦身社群，並成立電商品牌，賣起健身衣褲和器材等商品。二〇一五年起，更開出第一家實體門市，進一步自建倉儲物流，深度整合線上線下，提供顧客完整的消費者體驗。

從有力的內容行銷出發，iFit 愛瘦身一開始沒有任何商務行為，最主要任務是照顧好粉絲，把他們變成「鐵粉」。當社群互動率提高，粉絲對品牌開始產生熟悉與信任，開始詢問健康瘦身怎麼吃怎麼用、東西要去哪裡買，為滿足粉

表：iFit 利用社群數據 C2B 開發產品

傳統模式	iFit 愛瘦身
先有商品再找顧客	以用戶需求為導向
需靠市調推估市場需求	可即時修正行銷策略
產品優化時間長	少量下單快速改款
靠價格破壞拉抬買氣	經營會員提高成交比率

絲需求，iFit 愛瘦身才開始幫粉絲挑選瘦身等健康相關商品，從臉書粉絲團變成電子商務公司。

轉型成為電商品牌，iFit 愛瘦身歷經了不同商業模式的轉變階段。

一開始，是「導購」模式，第一次在粉絲團揪團買健身腳踏車，就號召到兩百人參加，團購金額達一白二十萬元，但賣給粉絲的畢竟是別人的商品，**好處是，容易上手且成本低；但壞處則是，消費者體驗決定在合作的廠商身上。**

後來，iFit 愛瘦身也曾嘗試架設專屬開店平台的「轉單」模式，以及找品牌廠商合作開發產品的「總代理」模式，但因遭遇退換貨客服以及庫存等問題，於是，最後選擇自創品牌的模式。

最特別的是，由於從創業的第一天開始，iFit 愛瘦身就植入「會員最大」的 DNA，透過每天跟臉書粉絲互動、回答問題，深入了解這群潛在消費者要的東西是什麼。因此，不同於傳統服飾公司，從生產端發想消費者的需求，iFit 愛瘦身反其道而行，先從粉絲端「聽」出需求，再設計產品，等於是將主導權交給粉絲，做為商品開發的依據。

以最暢銷的壓力褲為例，市面上的壓力褲大多五顏六色，iFit 愛瘦身的壓力褲卻清一色是黑色，看來很無趣，但每月卻可以賣出上萬件，這是因為從粉絲回饋的意見聽出，很多大尺碼的會員除了黑色，根本不敢穿其他的顏色，因為黑色最能顯瘦。

為此，iFit 愛瘦身初期的 VIP 制度堪稱「敢死隊大軍」，選出粉絲團中一群最積極參與討論的粉絲，邀請他們加入臉書的封閉式社團，人數高達七千人之譜，他們不見得消費力最強，卻最死忠，也樂於提出意見。在商品開發初期，這批死忠粉絲幫助 iFit 愛瘦身少走很多冤枉路，甚至願意每月繳交九十九元訂購定期寄送的試用品盒，其實這些試用品每盒成本都遠超過九十九元，但對 iFit 愛瘦身來說，製作試用品盒不是求獲利，而是為了獲取建議。

跨入實體後，iFit 愛瘦身更看重門市搜集會員意見的戰略意義，每天店鋪對總部的固定回饋，回報的不是業績、客單，而是會員們試穿、試用後，對於產品體驗的意見，讓總部成員第一時間搜集客戶反饋，常在短短一個月內就進行新品改版，大幅縮短了與第一線間的距離。針對高消費力的會員，iFit愛瘦身更提供專屬客服人員與新品搶先試用等額外服務，目的同樣是引導出，熟客對於產品使用的回饋意見。

也就是說，iFit愛瘦身在推出每款新產品時，「開發前」會先觀察文章瀏覽數據、廣納門市回饋以搜集用戶意見；「開發中」開放讓鐵粉線上投票並試用，依據反饋意見進行修正。至於產品上市的「開發後」階段，則持續搜集實體門市以及客服人員的回報，特別是熟客使用意見，作為改版與再次研發的重要參考，不但落實線上到線下的O2O社群意見追蹤，這樣的互動方式，更讓粉絲感覺到被重視。

大店長講堂金句

建立隨時歸零、持續學習的「開放力」。

——iFit愛瘦身 **謝銘元**

不踩雷便利貼

1.4

- 科技創新不只是應用工具，本身就是服務業的新競爭者。
- 邀請消費者參與產品設計，能創造商品較高的價值感。
- 「客製化」下一步，是滿足以顧客為中心的「客需化」。

Memo

1.5 爆款、排隊店，然後呢？

推爆款商品、生意爆紅，成為媒體關注的排隊店，固然值得恭喜，但許多案例顯示，一夕暴紅往往是一種詛咒，特別是對服務業新創品牌來說。

在兩岸一度擁有逾二十家分店的鼎王集團，曾因遭爆料湯頭是調味粉調製，而非店家宣稱「用中藥材等天然食材熬煮而成的」，品牌聲譽因此大受影響。不只鼎土，打著天然酵母為訴求，在明星、名人加持下引發搶購熱潮的胖達人麵包，以及靠招牌品項翡翠檸檬，一戰成名的清玉手搖茶，都是在迅速竄紅之後，負面新聞便接踵而至，排隊夯店一時之間成為過街老鼠。

鼎工、清玉或胖達人的危機事件，相當程度暴露出，新創服務業品牌若只重視快速成長的「進攻」戰術，缺乏發展品牌自我保護的「防守」策略，就無法趁來客如潮水的爆紅機會，築起品牌核心競爭力的護城河。

就像有句話說的，少年得志大不幸，爆紅容易帶來成功的迷思，往往讓人不容易分清楚，究竟是時勢造英雄，還是英雄造時勢？

也就是說，排隊店、推爆款，其實都是偽命題。更危險的是，因為爆紅，容易讓經營者自我迷失，看不清楚初心所在，以及品牌定位與價值主張為何，在還沒找到真正引爆業績成長的「關鍵驅動因素（Key Driver）」，就進入開放加盟、擴展分店的規模擴張階段。這樣一來，因此可能踩進的誤區是，當店越開越多，原本產品獨特性被稀釋掉，一時的人氣退潮後，便難以持續經營。

因此，在幸運爆紅的同時，經營者一定要自問，除了產品獨特性之外，是否也建立起消費者的剛性需求、獨特體驗，或好口碑帶來的品牌共鳴等，足以令品牌持續成長的關鍵競爭力？

不踩雷思維

來客變粉絲，粉絲轉會員

避免一時爆紅，經不起時間的考驗成為泡沫，就必須讓來店新客成為建立長期關係的品牌會員，最終形成重複購買的熟客行為，並回歸單店經濟運算法則，務實檢核品牌成長的關鍵驅動因素。這也是從0—1建立獲利模式（Get the Model Right），到進入1—10擴大規模（Scale Up）階段之前，厚植品牌續航力不可忽略的基本功。

會員經濟的威力

服務業存在的目的，無非是解決消費者日常生活需求，一家店能否持續成長，在於所提供的服務或產品，是否讓客人離不開你，願意反覆上門消費，成為他日常生活的一部分（the Part of Daily Life），而非一時興起才想起的店。

因此，許多爆紅排隊店之所以淪為蛋塔效應，原因便是出在，引爆的需求可能只是顧客一時跟風，或媒體報導效應引發的情緒性消費，並非完全是品牌策略奏效的結果，一旦顧客冷靜下來，發現產品沒有真正解決他生活的需求時，或和品牌之間沒有進一步產生情感或意義上的共鳴時，很容易就無法維持排隊經濟。

將一家店的高人氣，引導成為熟客的日常性消費，星巴克是一個值得效法的典範，它既滿足消費者的剛性需求、獨特場景體驗，也產生對品牌價值觀的認同感。因此，人們走進星巴克，需要的也許是一份上班前的早餐，或進行短暫的商務會談，也可能是基於對咖啡文化的熱愛，而非只滿足單一性的需求，如此，對品牌粉絲或熟客來說，星巴克才能成為他生活的一部分。

麥當勞的品牌金字塔模型，更具體說明了，一個品牌習慣性消費的建立，來自每一位顧客在每一次光臨時，從金字塔底部的產品功能性需求、用餐獨特體驗、產生與眾不同情感連結，一步步提升到個人與品牌之間，產生活力與歡樂的共感。事實上，品牌金字塔即是按照馬斯洛的需求層次理論（Maslow's Hierarchy of Needs）所架構的，品牌經營最終就像一個人展現個性，消費者如果和品牌同調，品牌定位就成功了。（圖 1.5）

圖 1.5　品牌金字塔 vs. 馬斯洛需求理論

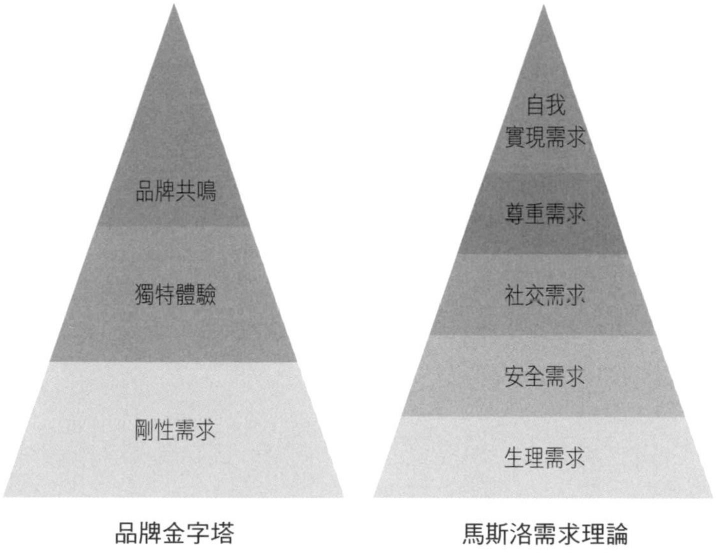

維持排隊店的來客動能，除以品牌金字塔為戰略，**戰術上，是利用爆紅當作槓桿，將大量「來客」變成擁護品牌的「粉絲」，並進一步將粉絲轉成「會員」**，透過這樣一個漏斗型的營銷思維，運用數位工具分析並追蹤會員名單，建立下一階段發展O2O線上線下全通路的社群基礎，從而提高一家店的存活機率。

《引爆會員經濟》一書，定義的會員經濟是，個人與組織或企業之間，建立一種持續性的信任關係，這種關係是相互的，企業提供更好福利，而會員則有更高的忠誠度，或協助企業改善產品，帶來正向循環。對企業來說，與其費力撒網撈新客，不如好好經營既有來客的會員池，提高每個客人的營收貢獻。前者是獵人心態，後者則是農夫思維，當市場趨於成熟飽和，獲得新客成本越來越高的情況下，深耕會員的投報率往往也較佳。

例如，實施會員制的好市多（Costco），客單價是同業的三倍；星巴克台灣金星會員的消費頻次，是整體的兩倍以上；博客來鑽石會員平均貢獻金額是其他會員的二．五倍，都說明會員經濟的威力！特別是進入新經濟，品牌擁有的會員數，即形成對市場的占有率，也代表一個公司的市場價值，有別於舊經濟階段，市場價值來自店數成長、現金流。這是為什麼儘管 Uber、Airbnb 在未實現獲利之前，就享有極高市場估值的關鍵原因。

此外，來客轉粉絲、粉絲轉會員的過程中，最關鍵的是轉換介面的選擇，FB、LINE 這類社群媒體，是來客轉粉絲很好的介面；粉絲轉會員，則必須進一步取得消費者完整的個人資料，**支付即會員、外送即會員、儲值即會員、集點即會員，都是可以選擇的轉換介面**。

要特別提醒的是，如果僅是設立會員制、要求消費者留下資料，沒有認真傳遞品牌價值，只是獲得一大批找便宜且忠誠度低的消費者。例如百貨公司的會員，若只在周年慶才會到上門消費，平常不太去消費，依舊沒有形成消費者日常生活的一部分。因此，經營會員必須搭配網路行銷工具，或提供會員動態定價的福利，藉由服務忠誠消費者，創造更多熟客重複購買才是真正目標。

5P 行銷力　驗證單店經濟

另外，要驗證一家店是否已站穩腳步，所建立的是不是經得起考驗的獲利模式，就必須回歸單店經濟運算法則，透過不斷試錯，找出拉動門店成長的關鍵驅動因素。若沒有這個試錯過程，常常0—1這個過程，可能會回到0，甚至是負1，當一旦進入複製階段，乘上10、乘上100，就變成負10、負100，店開得越多，反而虧損越多，所以「1」本身的驗證非常重要。

《單店經濟基礎公式》

（1）Sales 業績＝AC 客單價×GC 客流量

「業績」是來客的流量。用什麼方法，選擇哪種客群、帶來多少流量？

（2）Profit 利潤＝Sales 業績－Cost 成本

「利潤」來自定義第一公式

（3）Return 投報率＝Profit 獲利／Capital 資本額

「投報率」取決於要用多大的資本來獲取

三個簡單的算術公式，是用來進行切割和拆解，不同時段、不同消費場景（Use Occassion），以及主次客群，對於單店營收的貢獻。舉例來說，一家餐廳可以將業績或利潤，切割為早、中、晚餐時段，或內用、外帶消費方式，來客則可區分上班族、親子與家庭聚餐等不同型態，然後再相互對比，甚至在開出第二、三家店時，進行跨店比較，找出驅動營收的最關鍵時段、客群或品項，讓創業初期的做夢階段，找到務實的檢核點。

利用此運算法則，搭配5P的行銷拉力，還可進行迭代小跑的驗證。5P指的是產品（Product）、價格（Price）、地點（Place）、服務（People）和促銷（Promotion），藉由改變不同的行銷拉力，紀錄一家店業績和獲利的變化，藉以整理出最適的品牌經營模式，也才知道什麼該強化、什麼該改變，朝什麼方向創新，以及什麼是最需守住的DNA，不會在爆紅的過程中迷失自己。

通常，在不同商圈的關鍵驅動因素可能不一樣。例如，同樣是麥當勞餐廳，開在市郊的店，得來速外帶就是驅動業績成長的Key Driver；開在大型社區附近的店，親子客群是Key Driver；若開在辦公商圈，外送服務反而才是能拉高業績Key Driver。也就是說，不同商圈，不同Key Driver的力道不同，**對一個強有力的獲利模式來說，Key Driver不會只有一個，而是一組影響業績變動的參數**，經營者必須不斷透過單店經濟公式，拆解每家店的業績來源，找出品牌成長的 Key Driver，並排序出在不同商圈的優先順序。這個過程不可避免會發生誤判，但只要快速試錯、修正，進行迭代，就可降低開店踩雷的風險。

野戰案例

「良興電子」光華商場最強老店

說起光華商場，許多台北人都知道，若想添購最新、最便宜的 3C 數位產品，一定要前往這個有「台灣秋葉原」之稱的電子街區，搜尋比價一番。這處曾是全台人氣最旺的商場，當燦坤等 3C 大型通路和電子商務崛起，通路生態驟變，消費者開始上網比價之後，當地許多店家紛紛棄守，但卻有一家成立超過四十五年的老店——良興電子，生意反而越做越大，如今還成為全台毛利最高的 3C 通路。

用大數據深耕會員，長線經營顧客終身價值，是良興電子成為光華商場不敗老店的關鍵！這個從五十坪小店起家的 3C 專賣店，擁有六十萬筆會員大數據，如今來自線下線上通路營收的比例達六比四，更因精準掌握庫存，毛利率達一八%，比燦坤 3C 連鎖通路的一五%還高，居全台 3C 通路之冠。

良興電子總經理賴志達說，在自由貿易市場中，任何公司及行業別，都很難做到寡占，因此，「選擇客人」這件事就變得很重要。以在光華商場來說，主要客群有兩種，一種是學生、一種是公司行號，兩者差別在於，學生特別愛比價，甚至可以不要發票，但公司行號最在乎買的安心，店家要能提供保固等後續服務，而且一定得開發票。良興鎖定公司行號為主客群，定的商品價格帶，是公司行號會接受的，也等於排除掉愛比價那群客人。

賴志達認為，開不開發票，就是一種選擇，當公司選擇正派經營，每筆交易都開發票的同時，就把客戶區隔及定位了。因為，愛比價的客戶，利潤最低、最沒忠誠度，並不是好客戶，一家店不可能做全市場的生意，從訂價原則和開發票過程，反而能篩出好顧客，長期堅持下來，因而累積了幾十萬，不只在意價格、更在意服務的顧客，也因為致力追求顧客終身價值，不求短利永續經營，造就了良興長期業績穩定的續航力。

二○○五年，「良興線上購物網」成立，二○一三年打造「良興行動金賺 APP」，是全台第一家打造行動 APP 的 3C 通路業者。透過實體門市、購物網、行動APP，O2O虛實整合，提供顧客線上到線下完整服務，良興仍謹守精準行銷的會員經營邏輯。

舉例來說，不管顧客從門市或線上加入良興會員，入會第一天會收到良興發出的「歡迎信」；第七天會收到告知會員權益的「感謝信」；一個月，則會收到紅利金並夾帶促銷資訊。三到六個月後，還會收到折價券，最高金額可能是一千元，如果顧客仍不為所動，良興會把他列入觀察名單，一年後仍沒回購行為，就被歸入「沉睡會員」，暫時不對他做行銷，把心力放在活躍的會員身上，包括將線上客服需求導引給線下門市人員。

良興會員在購物網或APP下單，若有任何疑問，只要點選門市並留下電話，在上班時間內，十分鐘內會有門市專人回電答覆，**而當服務變得積極，消費者黏著度就會跟著提升，這就是「服務」的價值**。但配套措施是，線上業績必須讓門市人員也分一杯羹，不會因為把客人導到線上交易，影響實體門市夥伴銷售獎金的來源。

相較許多電商通路廣發折價券，良興透過消費者的大數據搜集，進行精準行銷，只和認同服務價值的來客、有再次回購行為的粉絲，進一步建立會員關係，不做其他無效的會員互動，是會員管理成功的關鍵。因為，今天你若不想選擇客人，明天員工就不會選擇你，後天客人也忘記要再選擇你。

大店長講堂金句

精準行銷，
不做無效的會員關係。

——良興電子 **賴志達**

不踩雷便利貼

1.5

- 要維持好生意，需形成客人無法離開你的剛性需求。
- 利用爆紅機會，要趕快把過路客轉換為綁定的會員。
- 選擇好客人經營顧客終身價值，業績才有續航力。

Memo

PART 2

1-10：複製與成長

找對槓桿，擴大規模

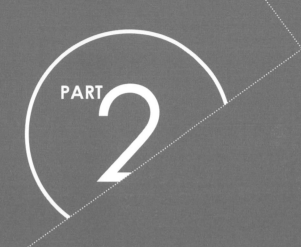

2.1 開直營店才能做好服務？

「一二三四五、五四三二一」，是許多複數店經營者的痛點，眼見第一家店生意大好，便趁勝追擊開出分店，一家兩家三家四家五家，但卻常常見到，接下來並非往六七八家去，要不是原地踏步，就是不進反退，一家接著一家收掉，最後回到只剩一、兩家店的原點。

之所以在0—1做夢階段結束，進到1—10擴大經營規模時，一腳踩雷，開越多店反而賠越多，問題多半出在管理能量不足，或人員教育訓練跟不上展店速度，導致商品或服務品質下降，顧客流失業績滑落。進一步探討這些失敗因素，都和規模成長（Scale Up）的戰略選擇有關。

也就是說，第一家店站穩腳步後，接下來最重要的，就是要架設系統性管理機制，找到能成功複製的戰略，**這個戰略可用簡單的槓桿關係來思考：**

以「品牌模式（Brand Model）」為支點，「商業模式（Business Model）」為槓桿施力臂，「核心競爭力（Core Competence）」當作籌碼，翹動營收翻倍成長的力道（圖 2.1）。

槓桿的支點「品牌模式」，就是 0—1 建立起的獲利模式（Get the Model Right），這是定義品牌 DNA、創造顧客價值的起點，每隔一段時間經營者都要回頭檢視，這也是開店的初心。

「核心競爭力」，是一家店能存活下來的本事，包括人脈、資金、技術或品牌管理能力等，化約為管理理論上的四個元素V、R、I、O，分別是價值性（Value）：開發市場機會或避開風險的資源。稀有性（Rarity）：競爭對手進入市場難以取得的關鍵資源。可模仿性（Imitability）：產品或服務型態不容易一時被模仿。組織性（Organization）：透過經營管理，將資源有效組織起來持續開發市場機會。

至於槓桿本身的「商業模式」，對服務業經營來說，是如何選擇直營、加盟或線上通路，翹動V、R、I、O競爭優勢，轉化為永續成長的動力！

圖 2.1　槓桿成長法則

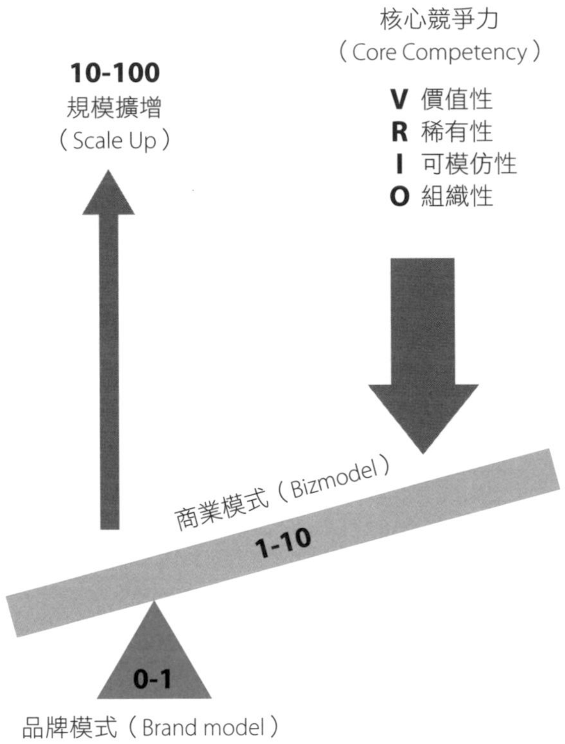
核心競爭力
（Core Competency）
10-100
規模擴增
（Scale Up）
V 價值性
R 稀有性
I 可模仿性
O 組織性
商業模式（Bizmodel）
1-10
0-1
品牌模式（Brand model）

不踩雷思維

連鎖經營三P：People、Profit、Partnership

服務業在選擇開連鎖店的商業模式，經常存在一種迷思，就是加盟店不易做好管理，總部直營才能控好服務品質。也常見加盟主期待和總部的承諾存在落差，導致加盟糾紛頻傳，加盟制度因而常被負面認知為創業者的陷阱。

但實務上，連鎖加盟型態由於管理權統一，品牌資源集中，若運用得當，可有效率整合外部資金和人才，是最能擴大事業規模，槓桿效益最大的理想商業模式，以在台灣開店密度幾乎是全世界最高的便利商店、手搖茶店，便多屬加盟型態。當然，加盟並非完全沒有缺點，但從服務業的本質來看，若要把經營的幅員拉大，幾乎無法避免，得靠加盟制度釋放的能量。

如何不踩雷避開加盟糾紛，前提是必須建立在連鎖經營的三P之上，也就是選對加盟主（People）、對的利潤分配（Profit Sharing），以及能一起成長的夥伴關係（Partnership）。

Chick-fil-A 靠加盟成為消費者最滿意漢堡店

二〇一七年，獲美國「消費者滿意度指數（ACSI）」，評選為全美顧客最滿意連鎖速食餐廳，有最好吃雞肉漢堡之稱的Chick-fil-A，就是一個建立在三P基礎發展加盟體系，成功把服務做到勝出同業的連鎖品牌。

這項消費者滿意度指數調查，針對速食餐廳的評比標準包括食材品質、服務速度、平實價格，類別包括傳統漢堡店、比薩店，以及休閒路線的咖啡輕食店等，一百分為滿分，年營收五十七億美元、全美有兩千多家分店的Chick-fil-A，以八十七分蟬聯冠軍寶座。（見表）

相對於其他美式速食餐廳，Chick-fil-A只有雞肉，沒有牛肉與豬肉，菜單選擇相對有限，但調查顯示，顧客對它滿意的原因，不但是把雞肉產品做得非常美味，還包括提供多項限時銷售的特色餐點、可迅速處理大量點餐的穩定系統，以及乾淨舒適、適合闔家光臨的用餐環境等。此外，Chick-fil-A承諾在二〇一九年底前全面停用含抗生素的雞肉，符合健康有機的消費趨勢，也博得廣大消費者的認同。

表：美國人最滿意連鎖速食餐廳

連鎖餐廳品牌	主力品項	連鎖餐廳品牌	主力品項
1. Chick-fil-A	雞肉漢堡	6. Chipotle Mexican Grill	墨西哥捲餅
2. Panera Bread	麵包輕食	7. Dunkin Donuts	甜甜圈
3. Papa John's	比薩	8. 達美樂 Domino's	比薩
4. Subway	潛艇堡	9. 肯德基 KFC	炸雞
5. Arby's	炸雞	10. Little Caesars	比薩

＊資料來源：2017 American Customer Satisfaction Index

Chick-fil-A 不但滿意度最高，單店業績也非常驚人，平均日營收是肯德基 KFC 的三倍，最酷的是，雖然星期日生意最好，但由於這家店創辦人是虔誠的基督教徒，所有 Chick-fil-A 連鎖店星期日都關門不營業，感恩節和聖誕節也是，讓員工可以上教堂做禮拜，與家人相聚。

尤其，若是想成為 Chick-fil-A 的加盟主，更比申請哈佛大學入學許可還難，申請通過的比率不到一%。比起其他速食連鎖品牌，收取動輒百萬美元加盟金，Chick-fil-A 總部只收取一萬美元，因為創辦人凱西（Truett Cathy）更在乎，透過嚴格篩選，找到對的加盟夥伴，他也曾宣誓，堅持企業永不上市，建立凝聚力極強的企業文化。

Chick-fil-A 總部認為，**最佳的加盟夥伴，不是財大氣粗想賺快錢的金主，而是想改善一家人生活的當地人或新移民，因為他們願意捲起袖子，有強烈意願好好經營一家店**，因此，不允許加盟主擅自將餐廳頂讓出去，或進行財務投資的行為。

Chick-fil-A 的例子充分說明了，人對了，加盟制度才能永續。這個經營觀點，在描述麥當勞創始人雷．克洛克（Ray Kroc）奮鬥史的傳記式電影《速食遊戲》（*The Founder*）中，也有精彩的描述。

這部由雷．克洛克自傳《永不放棄：我如何打造麥當勞王國》所改編的電影，片中有一段是品牌創立初期，當他認定麥當勞的經營模式有很大潛力時，決定大力發展加盟制度，第一個想到的，是找當地有錢人，為此還擠進上流社會的高爾夫球俱樂部，希望這些富人能夠加盟麥當勞。

在雷．克洛克極力遊說之下，有三位金主大方地簽下加盟合約。然而，雙方一拍即合的好景並沒有維持太久，有一次，雷．克洛克前往訪店，發現這三家店環境亂七八糟，滿地都是垃圾，甚至連原本該放醃黃瓜的漢堡配料，都被隨意換成生菜，牛肉餅也沒烤熟，讓他氣炸了，怒氣沖沖跑到高爾夫球場，質問這幾位金主，對方卻表現出不在乎的表情，認為沒有什麼值得好大驚小怪的，根本不關心門市的產品和服務品質。

雷．克洛克這才意識到，對這些多金的加盟主，畢竟這只是他們眾多的投資之一，繼續下去只會把自己辛苦建立起的品牌搞垮，於是斷然終止和這幾位金主的合作。之後，雷．克洛克改變策略，尋找創業動機強烈、想謀溫飽的年輕人和夫妻檔，因為，這群人願意兢兢業業認真經營，為了讓生意更好，落實店內每個角落的清潔，不必等督導上門，就願意用熱情笑容迎接上門的每一位顧客，從此才順利開展麥當勞加盟事業。

另外，加盟主也是企業的防腐劑，麥當勞很多創意、創新，都是來自加盟主，很多人以為，大麥克是麥當勞總部發明出來，其實是匹茲堡加盟主，為滿足當地鋼鐵工人，需要大一點、辣一點、加兩片肉的漢堡，所創新出的產品。

直營轉加盟　漢堡王起死回生

加盟制度最大優點，是能結合外部資源，尤其減輕總部對於連鎖店，包括人事成本以及營運面等，龐大管理成本的支出，也是連鎖店發動變革的戰略選項之一。

二〇一〇年，巴西首富雷曼（Jorge Paulo Lemann）旗下私募基金 3G Capital，以超過四十億美元，購併當時全球第二大漢堡連鎖店漢堡王（Burger King），就是祭出「棄直營、走加盟」策略，讓品牌起死回生。

在新經營團隊操盤下，漢堡王推出「再加盟計畫」，內容是修改加盟協議，把各門市所有權出售給加盟店，然後按收入抽成，也就是大舉出售漢堡王在全球的直營店，轉為獲取穩定的加盟金收入。

二〇一一年，漢堡王在全球尚有一萬三千家店面，三年後這些店絕大部分都已被售出，最後只保留五十多家直營店，地點全在美國邁阿密總部附近，這些直營店被當成試驗新產品，以及培訓主管的基地。

出售直營店的客觀結果，一是降低漢堡王的直接成本，讓公司不必再負擔這些店面的支出；二是讓漢堡王獲得穩定的加盟店抽成收入。這等於是漢堡王不再直接經營速食業，而是把品牌租給加盟店，然後收取租金，就像房東出租房子一樣。

漢堡王的財務結構變化，顯示其改造效果。二〇一一年，漢堡王來自餐廳經營收入占總營收的比重仍有七成，之後一路驟降至二〇一三年不到兩成；同一期間來自加盟店和餐廳房地產收入的比重，則從不到三〇%，大幅攀升至八〇%以上。此外，由於許多原本直營店員工，改歸各地加盟店管理負責，漢堡王也大舉裁員，曾在一天之內，一口氣裁掉四百一十三名門店經理。

改變為加盟的商業模式，讓漢堡王財務數字明顯獲得改善。從二〇一一年，也就是3G Capital購併漢堡王後第一個完整年份，到二〇一三年底為止，這段期間漢堡王年營收雖腰斬一半，但淨利卻大幅成長約一六五%，創造極佳的品牌改造績效。

野戰案例

「鼎泰豐」品牌加盟走向全球

二〇一八年，是知名的小籠包店鼎泰豐，創立屆滿一甲子，這一年，也是繼亞洲各國和美國、澳洲、中東後，首度揮軍歐洲在英國倫敦開店。這個台灣國際化最成功，以高品質和好服務著稱的餐飲品牌，扣除台灣十家直營店，在海外十一個國家、超過一百三十家分店，全都是採加盟的營運模式！

回顧鼎泰豐的國際化布局，成功心法同樣是謹守連鎖經營三P：選對加盟主（People）、對的利潤分配（Profit Sharing），以及能一起成長的夥伴關係（Partnership）。海外第一家店是一九九六年，開在日本新宿高島屋百貨，日本人對品質要求的嚴謹態度，和老闆楊紀華的理念不謀而合，開張之後生意出奇的好，是原本預期的三倍，迄今新宿店業績仍居日本十九家鼎泰豐之冠，可說是從日本紅回來，奠定了品牌授權的海外加盟展店模式。

楊紀華曾說，開店的瓶頸就是沒有人。做餐飲服務很忙、很累，從業人員非常辛苦，要是沒有同心的經營者，他根本不想多開店。

選對海外加盟夥伴，是鼎泰豐最重視的，在中國大陸和新加坡，找的分別是台灣大成集團和新加坡麵包物語（Bread Talk）集團，在食品流通業具代表性的上市公司。協助鼎泰豐將店開到倫敦的，便是麵包物語集團；而在印尼、馬來西亞的鼎泰豐，則是頂著史丹佛ＭＢＡ學歷和出自麥肯錫（Mckinsey）顧問公司的合夥人，願意親力親為，認同鼎泰豐善待員工的企業文化，是這群海外加盟主共同具備的信念。

在分潤模式的設計上，鼎泰豐除收取品牌授權金，也和合作方成立合資公司，佔的股份雖不高，卻展現攜手共同經營的緊密合作關係。最特別的是，有別於西方連鎖品牌，建立龐大的海外教育訓練和稽核系統，鼎泰豐協助海外加盟順利營運，達到不輸台灣本店的產品和服務品質，靠的則是師徒制傳承。

舉例來說，先前為準備在印尼開店，合作方先派出十五位師傅，到台北的鼎泰豐學習一年，從中央工廠、廚房到外場，甚至學習洗碗流程，從頭到尾學習店內的作業流程之後，當這批師傅要返回印尼開鼎泰豐前，楊紀華再從台灣派出二、三十位內外場員工前往協助，一去至少三個月，等到海外門店開幕營運上了軌道，這批員工才撤回台灣。

這樣的合作模式，雖然初期成本較高，但也因為雙方人員緊密交流，海外合作方的團隊成員，無形當中也對鼎泰豐的企業文化產生深刻認識，藉著企業文化輸出，加上一開始就找對加盟夥伴，從而確保鼎泰豐海外門店的高品質，也減少開店之後，總部疲於出差稽核的管理成本。

從一家小油行開始，鼎泰豐沒有財團背景，也不上市在資本市場募資，卻能發展成為台灣最具代表性的國際化餐飲品牌，帶給同樣是中小企業型態的服務業經營者，最大啟示是，只要擁有獨特核心競爭力、扎深開店基本功，鞏固0—1建立的品牌模式，並善用加盟的長槓桿，所能翹動的成長力道，不但能讓一家小籠包店開出百店，更可走進全球市場。

大店長講堂金句

經營服務業要做「做人的事」，別只做「做事的人」。

——老爺酒店集團 **沈方正**

不踩雷便利貼

2.1

- 加盟可以看成是一種結合外部資源的群眾募資型態。
- 與其找資金雄厚者，不如選擇有創業熱情的加盟主。
- 善用加盟槓桿，加盟主還可以帶來創新產品的好點子。

Memo

2.2 單一品牌 vs. 多品牌策略

該集中所有資源，全力把一個品牌做大；還是發展多品牌，滿足不同定位客群？是開店進入規模擴大階段，必定面臨的策略抉擇。從台灣餐飲市場的發展經驗來看，85度C和王品集團，前者聚焦單一品牌，後者靠多品牌維持成長動能，兩者都能達到成功擴大經營規模目的。

回顧85度C和王品集團的發展歷程，可清楚看出，兩者選擇截然不同品牌戰略的理由。

二〇〇三年創立的85度C，二〇〇六年突破兩百家店之後，隨即進入開拓海外市場階段，大舉進軍中國大陸、澳洲和美國等市場，市場版圖不以台灣為侷限，聚焦單一品牌的快速複製模式，很快便建立規模經濟優勢，掛牌上市後，如今成為市值超過十億美元的獨角獸公司。

反觀王品集團，成立十年之後，才前往對岸市場試水溫，主要經營團隊仍全力經營台灣市場，但台灣是淺碟市場，一個品牌的發展空間有限，終究會遇到飽和問題。

王品不甘只是一個中小企業，為追求成長，於是不斷開創新品牌，更鼓勵內部主管創新品牌，二〇一二年掛牌上市前，即已陸續在台創造十一個餐飲品牌，不僅橫跨不同價位、不同餐飲類型，連形象、氛圍、品牌個性也各具差異化，切入不同層面的消費族群，打造出年營收百億元的餐飲集團。截至二〇一八年，王品集團在兩岸的餐飲品牌數，更已達十八個之多，並以每年兩到三個新增品牌的速度，持續增加中。

然而，多品牌操作，缺點是容易分散品牌行銷資源，在某一價格帶和消費客群內，所建立起的核心競爭優勢，亦未必能完全轉移到另一個區隔市場。全球最大咖啡連鎖品牌星巴克曾收購茶飲品牌「茶瓦納 Teavana」，但賣茶和賣咖啡是兩回事，不出五、六年，即因持續虧損，宣布關閉全美近四百家 Tevana 直營店，多品牌計畫宣告失敗。

不踩雷思維

掌話語權，鞏固神主牌

進入分眾經濟的時代，尤其是面對追求個性化體驗的九〇後年輕消費者，打造服務業品牌，以開餐廳為例，除餐點好吃是基本面，品牌必須具備獨特性，餐廳的主題性也需更為鮮明，想複製麥當勞、星巴克，靠單一品牌打遍天下的難度，確實越來越高。

操作多品牌不踩雷，產生一加一大於二的經營綜效，前提是，必須能延伸既有品牌的核心競爭優勢；更重要的是，**必須讓消費者認知到，新品牌與既有品牌之間存在的關聯性，並將對於既有品牌的正向評價，移轉到新品牌之上，**產生心理學上的「月暈效應」，也就是藉原本品牌的光環，拉抬後繼新創品牌的身價。

以北歐風格為DNA　Wagas多品牌致勝

第一家店開在上海，在中國大陸一線城市、擁有近六十個門市據點，訴求健康與高品質餐點，獲得許多白領和年輕消費者喜愛的「沃歌斯」（Wagas）輕食餐廳，即是一個成功以北歐極簡風格為DNA，發展出十個家族品牌的多品牌餐飲集團。

一九九九年成立於上海的Wagas，創辦人是丹麥人克利斯汀生（John F. Christensen），他發現當時在上海很難找到可口的三明治，主打健康輕餐飲品牌更是屈指可數，第一家Wagas便因此誕生，店內主要提供的品項包括三明治、沙拉、義大利麵，以及咖啡與鮮榨果汁。Wagas人均消費約在七十至八十人民幣左右，換算新台幣約三百至四百元，這個並不便宜的輕食店內，卻經常門庭若市，可說是過去近二十年來，在淘汰率極高的中國大陸餐飲市場，品牌能見度維持不墜的快休閒餐飲品牌。

二〇一〇年，Wagas開啟多品牌戰略，找來兩位丹麥麵包師傅成立「Baker & Spice」烘焙品牌，主打歐式麵包與蛋糕，以及精品咖啡，這家店一開始是為了提供 Wagas 店內，最優質且口感一致的烘焙產品，由於背後有 Wagas 這塊招牌，不出七、八年，也走出上海相繼在全中國大陸十個城市，開出近七十家連鎖精品麵包店。

除了 Baker & Spice，Wagas 旗下還有八個瞄準不同客群，甚至不同菜系的家族品牌，分別是義大利餐廳 Mr willis 和 BANG、比薩餐廳 LA STRADA、花園餐廳 Henkes、Amokka Cafe，以及泰式料理 MiThai、日式壽司 Sushi RAKU 和北歐菜 Pelikan 等，全都位於上海，客單價在一百至三百元人民幣之間，定位在比 Wagas 更為高階。為延伸 Wagas 品牌北歐風格的ＤＮＡ，這些家族品牌店內空間設計，包括所使用的桌椅，都展現以懷舊為基調但不失摩登的風格，各店招牌菜也交叉出現於家族品牌菜單，例如 Baker & Spice 也販售加入香茅的泰式沙拉，不斷喚起 Wagas 粉絲的品牌聯結認知。

換言之，Wagas 扮演了有如家族品牌的神主牌角色，既拉抬連鎖烘焙品牌 Baker & Spice，也藉由多家更高價位的餐廳，維持其品牌續航力。除北歐的極簡設計風格，Wagas 更以提出健康飲食的「Wagas Style」生活態度，作為貫穿旗下所有品牌的價值主張。

舉例來說，Wagas 會在菜單上，標註每一道菜的原料和功效，將食物的營養觀念傳遞給顧客，像是現榨蔬果汁選單中的品項，「媽媽說」成分是胡蘿蔔、生薑和蘋果；「醫生說」成分為鳳梨、百香果和梨子；「救救我」則是芒果、香蕉和蘋果的綜合果汁，亦增添許多點餐時的互動趣味。

此外，Wagas 每年也會更新三次菜單，將更多當地食材，轉變為既新鮮又具時尚感的餐點，每周五透過微信公眾號推送每周特別菜單，激起求新求變年輕消費族群的好奇心。

為了推廣健康生活的品牌理念，Wagas 經常進行跨業合作。二〇一五年，Wagas 和日系化妝品品牌資生堂 SHISEIDO 合作，推出一款和保養品同名的果汁「紅妍肌活果汁」，北京和上海兩處門市，也同步改造為主題概念店，吸引追求健康生活的粉領族上門。二〇一七年四月，更和當時最熱門的共享單車 Mobike 跨界合作，設計地板上標示單車專用道，餐廳門口擺出單車餐車，以單車生活為主題的特色門店，共同倡導「輕生活、輕騎行」的健康理念。

雀巢併購藍瓶咖啡　掌產業話語權

不只要掌握好品牌ＤＮＡ，建立顧客的品牌認同，成為發展多品牌時的神主牌，站在更高戰略角度，品牌還要搶佔該品類的話語權，壟斷消費者的心理占有率（Mind Share，即形成消費者心目中該品類的領導品牌）。

全世界最大食品製造商雀巢（Nestle），二〇一七年起，在咖啡市場發動多起併購案，背後目的除搶攻全球咖啡產業市占率，更展現鞏固行業話語權的強烈企圖。

雀巢先是在二〇一七年下半年，宣布投資五億美元，收購有「咖啡界Apple」之稱的藍瓶咖啡（Blue Bottle）六八％股權，成為藍瓶咖啡最大股東。半年後繼續加碼，以逾七十億元美元代價，取得星巴克產品的全球行銷權，星巴克除了罐裝產品之外，在超市等零售通路所販售的該品牌咖啡豆等產品，之後都將透過雀巢的全球經銷網絡販售。

雀巢砸大錢取得星巴克產品行銷權，目的是為了提振雀巢在美國市場的咖啡市占率。根據市調資料，雀巢在美國咖啡市場占有率不到五％，遠低於其在全球咖啡市場的一五%市占水準，但星巴克則是以一四%的市占率，貴為美國咖啡市場龍頭，雙方成為戰略夥伴，雀巢可以快速拉抬其市占率，星巴克則能專注於門市經營與品牌數位轉型。

比較有意思的是，雀巢貴為全球最大食品集團，大動作收購藍瓶咖啡，這個成立十五年來，不過只開出五十家店實體門市的精品咖啡品牌，思考的並非搶市占率，而是想藉此與第三波精品咖啡的趨勢接軌。

眾所皆知，雀巢擁有全球消費者熟知的 Nescafe 即溶咖啡品牌，更因創造了 Nespresso 膠囊咖啡機的嶄新商業模式，執全球咖啡產業牛耳。然而，全球咖啡市場不斷演進，從即溶咖啡盛行的第一波咖啡浪潮，到星巴克等連鎖品牌開啟第二波咖啡革命，目前已走向強調創作性與重視職人精神的第三波咖啡變革的前沿，創立初期就獲矽谷科技名流與追捧，以及獲包括湯姆漢克斯大明星等金主投資的藍瓶咖啡，即是第三波咖啡最具代表性的品牌。因此，出手購併藍瓶咖啡，對雀巢這樣的大廠來說，雖是一筆小投資，卻等同贏得進軍第三波咖啡浪潮的門票與話語權，有利鞏固在咖啡產業的不敗地位！

野戰案例

「扶旺號」台式鐵板燒的多品牌創新

鐵板燒最早是歐陸料理，由於講究食材新鮮，以及廚師在顧客面前揮舞鍋鏟表演廚藝，形成獨特的用餐體驗，在日本屬精緻料理（Fine Dining）的代表之一。然而，傳到台灣之後，因加入快炒等多元烹調方式，轉變為特有的「台式鐵板燒」庶民料理，也成為夜市街邊常見的台灣特色美食之一。

擁有台師大餐旅管理博士學歷的潘威達，從小家裡在台北寧夏夜市擺路邊攤，經營的就是這樣的台式鐵板燒，然而在他全力改造下，並加入創新餐飲思考，讓鐵板燒不再只是路邊攤的小生意，而是也能發展出多品牌，創造出近兩億元年營業額的國際化事業。

細數潘威達的鐵板燒多品牌布局，除改造家業老店新開的「香連鐵板燒」，全新創作品牌則有融合清粥小菜的「周照子鐵板燒」、主打台式早午餐的「扶旺號鐵板吐司」、「小旺號鐵板捲餅」，還有「油蔥黑鐵牛排」、「甘妹弄堂鐵板湯包」等多元化品項。其中，與馬來西亞和澳門地區代理商合作的

「扶旺號」，是潘威達第一個成功海外展店的品牌，可說將台灣夜市美食推向國際市場。

正如早年王品集團，是以牛排為核心漸次發展西堤、陶板屋等品牌，潘威達則是以鐵板燒廚藝為核心，在清粥小菜、早午餐、湯包等不同區隔市場，進行多品牌的複製。以「周照子鐵板燒」為例，即是以法式鵝肝的鐵板嫩煎方式，呈現豬肝等阿嬤古早味小吃，從口感重新詮釋台式清粥，就連歌手周杰倫等音樂影劇圈名人，消夜時段都來報到。

至於走進國際的「扶旺號」，定位為台灣人的早午餐，一樣是現點現做的鐵板燒料理，除有荷包蛋肉吐司、去骨雞腿鐵板吐司等招牌品項，更有延伸自台式鐵板燒菜單的菜脯蛋吻仔魚吐司、蒼蠅頭熱壓吐司，以及蚵仔煎捲餅等特色餐點，客單價雖是一般早餐店的兩倍，卻也讓消費者以不到一客鐵板燒的半價，就能品嘗到師傅的好手藝。

不過，一個鐵板燒師傅培養至少需八到十個月，雖可建立起競爭門檻，但廚師的培訓養成，卻也是發展多品牌事業，特別是把「扶旺號」輸出海外得克服的問題。

關於這一點，潘威達的解決之道，是和餐旅學校的國際專班進行產學合作，這些來自越南等東南亞的外籍生，在台期間也進到他旗下的各餐飲品牌實習，這批人學成歸國之後，便是「扶旺號」海外展店的生力軍。如此一來，不只將品牌輸出，更把料理背後的廚藝和餐飲文化，同步推廣到國外。

透過推動鐵板燒料理的典範轉移，以及多品牌的擴張戰略，潘威達不但找到庶民美食的規模成長動能，更突破小吃品牌難以輸出的困境，讓來台觀光客不管是在寧夏夜市，或是回到自己的國家，都能吃到同樣口感、風味再現的台式鐵板燒料理。

大店長講堂金句

品牌，就是打造信仰。

——微熱山丘 **許銘仁**

不踩雷便利貼

2.2

- 新品牌必須和既有品牌存在關聯性，才具經營綜效。
- 生活態度，也可以是貫串多品牌價值主張的核心。
- 發展多品牌，必須讓原本品牌先壟斷消費者的心占率。

Memo

2.3 連鎖店就注定失去品牌個性？

有人這樣描述名店和連鎖店的差別在於，名店是不一致的好吃，連鎖店則是一致性的不好吃。指的是，名店常因製作流程未做好ＳＯＰ（Standard Operating Procedures，標準化作業程序），餐點好不好吃，得視當天是不是大廚當班。但連鎖店則因過度講究ＳＯＰ，端上桌的餐點固然品質一致，卻少了手作調理的色香味和驚豔感。

用這樣的對比來形容名店、連鎖店，或許誇張了點，卻貼切地點出，很多風味小店連鎖化之後，帶給原本顧客的內心感受。不只內場，外場服務常也因過度標準化管理，甚至微笑時牙齒該露出幾顆都寫入ＳＯＰ，以致櫃台人員應對變得制式化，讓老客人覺得，連鎖店的千篇一律，不只讓菜餚味道跑掉了，服務親切感也淡了，品牌魅力因此逐漸流失，反而壞了名店好不容易建立起的名聲。

難道，連鎖經營擴大經營規模，就注定失去品牌個性嗎？答案是未必如此。只要拿捏得宜，如發源自日本九州福岡的一蘭拉麵，或全球唯一獲米其林一星評鑑的攤販小吃新加坡「了凡香港油雞飯麵」，透過連鎖經營，不但提升獲利空間，更能將地方庶民美食，推向國際發揚光大，擴大名店的影響力。

星巴克更是一個全球展店逾兩萬家，依舊展現品牌個性的成功例子，它每家店外觀辨識度極高，就算招牌拆下來，從門口經過仍可認出是一家星巴克，卻不會讓人覺得刻板重複。關鍵在於，星巴克將設計美學與特色門市結合，藉由改變消費場景，連鎖而不複製。例如，京都就是開在百年老宅內，營造在塌塌米上喝咖啡的日式情趣；上海城隍廟豫園商場，則進駐古色古香的中式牌樓建築，創造令人眼睛為之一亮的視覺反差！

不踩雷思維

不只剛需，更要品牌共鳴

儘管面向大眾市場，星巴克卻持續展現精品咖啡的獨特性魅力，證明一家店只要能獲得消費認同，與之產生緊密的心理連結與情感互動，形成品牌共鳴效應，即便是千戶萬店的連鎖品牌，都能吸引追求個性化消費的顧客上門。

特別是對於千禧世代（Millennials，指一九八〇年代之後出生的年輕人），他們的消費觀取向固然重視個性化、個別化，卻也實踐共享經濟，心態上希望自己是獨立個體，又同時歸屬於社群的一份子。

二〇〇三年，全球麥當勞遇到營運瓶頸，股價從九十美元跌到九美元，之後即是靠著洞悉千禧世代的這個消費心態，啟動大規模品牌再造計畫，喊出「i'm lovin' it（我就喜歡）」行銷口號，讓這個在當時搖搖欲墜的品牌，重新找回生氣勃勃的活力和個性。

逆轉勝的關鍵在於，麥當勞透過跨世代調查發現，不同世代人們的價值觀有W－I－i的階段性變化。老一輩的人屬於「We Generation」（我們世代），注重家庭和諧，從眾的性格較強。戰後的嬉皮風是「I Generation」（大我世代）的代表，想法是只要我喜歡有什麼不可以。但千禧世代則屬於「i Generation」（小我世代），注重個人獨立，卻又需要群體的認同。

「i'm lovin' it」的i之所以刻意小寫呈現，就是從「i Generation」的價值觀延伸而來，傳達年輕世代的生活態度和主張，但品牌再造訴求的對象，並不限於年輕人，品牌共鳴對象也包括了五、六十歲仍活力十足、心態上保持年輕的消費者。

Shake Shack　快餐界的蘋果公司

很酷的消費體驗，經常也是形成品牌共鳴重要起點，美國快休閒餐廳傳奇名店 Shake Shack，即是靠創造獨特體驗，成為非常成功的連鎖品牌。

這家主打美式漢堡的連鎖快餐廳，名氣之響亮到被認為，如果沒吃過 Shake Shack 漢堡，就等同沒看到自由女神像、沒去過帝國大廈一樣，不算真正去過紐約。儘管它的漢堡售價，是麥當勞的兩倍，但如同蘋果每當新手機發表，果粉會在蘋果專賣店前排起長長隊伍，這家漢堡店的門口也總是人滿為患，顧客心甘情願排隊只為朝聖打卡，嘗上一口店內現做的產品，在餐飲界的「網紅」級地位難以撼動，被美國媒體比喻為「快餐界的蘋果公司」！

Shake Shack 創辦人來頭不小，他是有紐約餐飲界鬼才之稱的梅爾（Danny

Meyer）所創立，梅爾旗下擁有多家米其林星級餐廳，Shake Shack 一開始只是紐約市麥迪遜廣場公園內，一攤賣熱狗的小推車，主推的雖然是美式漢堡、波浪紋薯片和奶昔飲品，這類傳統美式速食店的餐點，但因一律使用不含荷爾蒙或抗生素的食材，漢堡肉嚴選自供應五星級餐廳肉商，特色沾醬則來自集團另一高級法國菜餐廳，重視食安且口味出眾，大受遊客與周圍居民歡迎，每天都有不斷的排隊人潮。

二〇〇四年，Shake Shack 終於在紐約街區，開出第一家門店，請來頂尖設計師，依高端餐廳規格打造餐廳空間，用餐區近半規劃為露天座席，打破快餐店令人覺得侷促的格局；至於之後陸續開出的分店，亦根據各街區的地域文化，設計各具特色的消費空間，成立快滿十年後，才開始跨出紐約開店。

Shake Shack 在二〇一五年總店數還不到七十家時，赴紐約證交所上市掛牌，股價一路狂飆，本益比（股價除以每股盈餘）一度竟高達千倍，每家單店的市場估值，是快休閒餐飲模範生 Chipotle 的五倍，更高出麥當勞將近二十倍，成為資本市場的奇蹟。上市籌資之後，Shake Shack 跨出美國市場，陸續在歐洲、中東以及日韓等市場展店，但僅以每年增開十家新店的速度，在全球各地緩步擴張，這樣的展店速度，簡直比許多高檔精品品牌還要慢。

但與其說 Shake Shack 擴張策略保守，不如說它以慢打快，致力追求顧客品牌認同為第一優先。因為，在開每一家新店之前，Shake Shack 都會先仔細考慮，要創造給顧客的是怎麼樣的氛圍和互動，重視與在地社區的連結，讓每家店不致流於刻板化複製，建立起一種不是隨處可見的非連鎖餐廳形象，讓顧客造訪每一家店時，都能保有不同的期待和驚豔感，因為這對年輕世代的消費者來說，是一種很酷的消費體驗。

也就是說，傳統連鎖速食店把效率擺第一，導入工廠式的標準作業流程，追求短時間內最大產能和銷售量，雖大幅減低成本，卻也降低消費者的滿足感與消費檔次。反觀 Shake Shack 這類快休閒餐廳，比起出餐速度，它更關注顧客的體驗完整性。至於現點現做，經常造成店外排隊長龍，反而形成一種讓顧客適當等候，更顯食物美味的排隊心理，排隊人潮成為路人關注焦點，等於也是提升店家知名度的免費行銷。

改變場景打造獨特體驗，追求的不只是創造新鮮感，更深一層來看，意味著就連速食快餐店，也已從傳統追求生產端效率優先，轉向以顧客體驗為中心的這一端。顧客進到一家店，除滿足購買商品與服務的需求，更要做好服務設計思考，提供他如同經歷一趟短暫旅程的品牌體驗，藉以催化品牌共鳴產生。

舉例來說，以麥當勞為代表的傳統速食店，櫃檯設計是讓顧客面對櫃台人員，形成縱向排隊的點餐動線；強調顧客體驗的星巴克等咖啡店，顧客則是沿著和櫃檯平行的方向，橫向排隊點餐。兩者差別在於，星巴克讓顧客在排隊等候時，擴大視覺暫留與瀏覽的區域，搭配烘焙產品、紀念杯等商品的陳列布置，所形成的暗示效果，是讓顧客更容易因此被引導，沉浸在店內的設計風格，感受品牌所欲傳達的價值主張，以觸發更多消費行為或引發品牌共鳴。

真正的「品牌共鳴」，來自消費者和品牌之間，共同認知或共享某一價值觀，但同樣一個品牌，不同顧客最在乎的點和重視的價值觀，其實並不完全相同，因此，「品牌共鳴」可說是很個人化的，也是連鎖品牌能否做出個性化的關鍵。

必須提醒的是，不管是靠複製成長的連鎖店，還是單店經營的名店，顧客關係首要基礎仍在於信任，體驗過程中絕對不能有所欺騙，消費者從行銷語言的激情中冷靜下來後，會重新判斷這個體驗是否有價值，當產生重複消費的回購行為，品牌贏得顧客的信任感，繼而才可能產生品牌共鳴！

野戰案例

「點水樓」每季開發新菜的連鎖中餐廳

功夫大菜製作流程不易被化為SOP，因此大餐廳要靠大廚撐場，這是中式料理連鎖複製難度高，最主要的原因之一。台灣有上萬家中餐廳，但只有鼎泰豐、度小月、欣葉台菜，以及南僑集團開設的點水樓等，極少數品牌，能成功發展連鎖經營並走進國際市場。

相較於鼎泰豐、欣葉台菜等老字號，二〇〇五年才成立的點水樓，算是後起之秀，但展店腳步卻是最快。光在台灣，截至二〇一八年，就已開出八家大型店，年營收逾五億元，更相繼前進上海、東京。以配備大廚團隊的中餐廳來說，不論是營收規模或是國際化程度，在台灣無人能出其右。

點水樓後發先至的秘訣，竟是顛覆連鎖店「KISS」（Keep It Simple & Stupid）作業流程越簡單越好的邏輯，包括菜色不統一，每家店都有私房菜，且服務流程拒標準化。

多數連鎖餐廳，基於食材供應與管理效率考量，菜單力求簡單化，但翻開點水樓厚重的菜單簿，從開胃盆菜、各式煲湯到海陸珍味，總計有近一百二十道江浙菜色，點心類則是超過四十種。專攻小籠包的鼎泰豐，提供的小籠包口味選擇不過五種，但這裡主打的卻是有九層塔、松露等口味的「七彩小籠包」，盡展名店氣勢與主廚能耐。

菜色已繁多，內部竟還成立試菜委員會，要求師傅每季開發新菜。持續開發新菜，是點水樓和多數中餐廳最大不同之處，很多中餐廳開幕時用的菜單，幾年後還是那一張，甚至師傅到別的地方開店，也還是用那套菜單，連版面的編排次序都沒變過，但點水樓開幕第一個十年，菜單內容就已汰換過半。

不只菜色求繁求變，點水樓每家店菜單都不完全一致，各店都有其私房特色，這也是主廚的創意空間。

點水樓總經理周明芬指出，沒有中央廚房，也不走標準化菜單，是為了能因地制宜，一方面融入更多在地特色，也保留每家店對應不同客人需求的彈性。因此，每到新的地方開分店前，一定會先調查當地人到餐廳習慣點的菜色，例如前往日本開店，便加入和牛和圓鱈等在地食材；到新竹開店，則因觀察到當地知名餐廳多主打「水煮牛肉」，便將這道川菜經過一番調整，列入鎮店特色菜；同樣的，因應商務觀光客需求，開發不屬江浙菜系的台式牛肉麵，如今也成為點水樓的招牌菜。

由於從菜單設計開始，就不走標準化複製，延伸到外場的服務，自然也無法像許多連鎖餐廳，只要訓練服務人員，把說菜當背書就能過關了。由於點水樓商務客與家庭客各半，不同客人需求不同，加上菜色複雜，對外場團隊來說，考驗的是客製化服務能力，「沒有SOP（標準化作業流程）是點水樓外場服務的SOP！」

也因此，人員培養難以速成，是一體兩面的挑戰。以最基本的點菜來說，點水樓通常一個新進人員，至少要在廚房出菜的菜口待上兩、三個月，才能學會認識店內的每一道菜；獨立接待客人，則需約一年的師徒培訓過程，不像大部分連鎖餐廳，服務人員只要經過幾週培訓就能上線。訓練重點則是激發每個人思考主動性，丟問題不給答案，以幫客人端茶為例，只會要求服務人員手不能碰觸杯緣，至於該如何端並沒有SOP，每個人都可以有自己的方法。

南僑集團會長陳飛龍認為，如果每家店都只是複製，對前後場的團隊夥伴來說，不僅無聊、也是偷懶的做法，唯有選擇一條難走的路，提供客製化服務，才能在競爭激烈的中餐市場，築起不容易被超越的經營門檻。

大店長講堂金句

顧客「滿意度」是手段，「忠誠度」才是目的。

——曼都集團 **賴淑芬**

不踩雷便利貼

2.3

- 服務過度 SOP，容易讓消費者產生刻板化的品牌印象。
- 連鎖不複製，可滿足消費者重視品牌個性化的需求。
- 和消費者產生共鳴，品牌即使連鎖化也能追求個性化。

Memo

2.4 建「中央廚房」錯了嗎？

塑化劑風暴、毒澱粉事件、黑心油疑雲……回顧台灣餐飲業重大事件，層出不窮的食安問題，不但衝擊許多連鎖店和食品大廠，更形成消費趨勢的重要分水嶺。

在過去，消費者普遍信賴大品牌，認同建置中央廚房靠認證把關的連鎖餐飲品牌。但歷經多次食安風暴後，人們開始意識到，追求安全飲食必須靠自我把關，開始關心起工業級或飼料用原料，有無流入食品業的製程；了解餐桌上的食材，有無添加物或動物用藥；重視基因改造食物對人體的影響，查核產銷履歷是否完整；不只追求有機食材，更大力支持友善種植的農戶。

從 Chipotle Mexican Grill 墨西哥餐廳、Chick-fil-A 雞肉漢堡專賣店，到 Shake Shack 網紅漢堡店等，這類主打食材產地直送的快休閒餐飲品牌，成功引爆歐美外食產業新趨勢，更可以發現新世代消費者，除非是購買便利商店的即時餐食，已拒絕再吃中央廚房製作的標準化產品，即便中央廚房更能維持均一品質！

這個轉變對餐飲服務業來說，面臨的是一場消費升級革命，經營者必須洞悉消費者心理普遍產生的三大轉變：生鮮食材優於冷凍製品（Fresh vs. Frozen）、天然的一定比人造的好（Natural vs. Farbricated），以及個性化勝過標準化（Personalized vs.Standardized）。

當消費者的想法不一樣，消費模式也就改變了，特別是面對九〇後、〇〇後的世代，他們更重視消費過程展現個人價值。這個轉變，對經營者來說，需對應的是經營座標全面位移，在商品面，提供消費者負擔得起（Affordable Price）的嚴選商品，比只拚天天最低價更為重要；供應鏈管理，連鎖餐飲必須摒棄依賴中央廚房的製造業工廠思維，和小農或獨立供應商合作，建立與產地和社區的連結，這除為了滿足消費者安心吃一頓飯的期待，更也才能提升自我品牌的定位與價值。

不踩雷思維

「生鮮處理中心」取代「中央廚房」

二〇一五年，在全美有兩千多家連鎖店的 Chipotle Mexican Grill 墨西哥餐廳，遭遇食安危機事件，一度考慮改由中央廚房統一供應食材，但卻被該品牌擁護者，認為是最不可取的解方，說明在成熟服務業市場，中央廚房已成為連鎖餐飲業的票房毒藥。

Chipotle 向來標榜供應在地食材、現點現做的「正直食物」，但當年七月起的大腸桿菌、諾羅病毒災情連環爆，卻讓全美數百名食客遭殃，顧客上吐下瀉甚至住院治療，成為品牌重大危機事件，部分門市還因此關閉超過一個月，接受政府相關部門調查，導致營收大幅衰退，股價更一度重跌超過四成。

經內部調查後發現，使用新鮮食材比冷凍原料更適細菌孳生，在店烹飪的風險也高於中央廚房供貨，Chipotle 打算據此調整政策，原本由農場直送至門市的番茄、洋蔥等食材，將改由中央廚房處理後裝在密封袋裡分送；辣椒、檸檬也會汆燙後上桌，藉由降低使用在地食材，以期能達到食安標準。

原本Chipotle想藉此挽回人氣，但最後並未奏效。財經網站「商業內幕」（Business Insider）便評論：「此舉無疑自打嘴巴！」因為，唾棄傳統速食產業中央工廠化的做法，堪稱是Chipotle的神主牌，若真改走中央廚房路線，將小農拒於門外，無異背叛粉絲，死忠吃客可能最先跑票。

確實，從風險控管的角度，由中央廚房統一處理，比起各門市自行處理生鮮，可大幅降低食安問題發生的機率，但消費市場的趨勢卻是，人們寧願花費較高代價，追求生鮮、天然與個性化的餐飲服務，抗拒進到一家餐廳內，吃進肚子的是工廠製作的標準化食物，這對尋求規模成長的連鎖品牌來說，是一道兩難的習題。

鼎泰豐 開放廚房營造現點現做氛圍

兩個思考的切入角度，可以做為解套方向。一是**重新調整「中央廚房」角色，改以「生鮮處理中心」定位，進行食材集配與洗選等前處理。另外，就是部分餐點採取現點現做，營造廚師手作的現場體驗氛圍，藉以沖淡連鎖店與中**

央廚房畫上等號的印象。

鼎泰豐的做法，就是一個非常值得探討的例子。

鼎泰豐靠高翻桌率創造高業績，曾創下一天之內翻桌十九次的紀錄，加上每家店都是排隊店，餐點供應量極大，非得依賴中央廚房的產能才能應付，但它卻巧妙的在每家店入口處，展示十八摺小籠包的製作工藝，顧客還沒進門入座，就能透過大片玻璃，看到開放廚房內身穿廚師服的小籠包師傅，一摺一摺熟練地將餡料捲進手掌心的麵皮，捏出顆顆精緻飽滿的小籠包，營造出這整家店內餐點，都是現點現做的氛圍。

從消費心理學的角度，透過透明廚房，讓顧客和廚師能看到彼此，本身就是一個提高滿意度的做法。哈佛商學院比爾（Ryan W. Buell）曾做一個行為實驗，比起顧客和廚師彼此看不到的封閉廚房，透明廚房可讓顧客的滿意度上升一七．三％，服務速度加快一三．二％，這是因為顧客可以觀察到廚房的衛生條件和廚師儀表，產生對食品安全的信任感；並也因目睹廚師付出的努力，喚起人們感激之情，改變了對一家餐廳的看法。對廚師而言，也因為顧客的感激感覺被肯定，覺得工作有意義，自我督促提供更高效率的服務。

至於，鼎泰豐位在新北市中和的中央廚房，扮演的即是把關高品質餐點，以及食材生鮮處理中心的角色。以小菜為例，就是中央廚房每天凌晨四點半開始製作的，除需趕在市區內各分店開門營業前配送到達，還要上下午各配送一次，才不會讓晚餐時段客人，吃到已放置大半天，失去清脆口感和新鮮度的小黃瓜或銀芽。蝦仁更是在全程攝氏十六度恆溫空調下，由穿著高領防寒衣工作人員，在符合SOP的十五分鐘之內，將解凍完畢的劍蝦，迅速去殼挑出腸泥進行秤重，依個頭大小，最飽滿的留著做蝦仁蛋炒飯，小一點的拿來做蝦仁燒賣、蝦仁蒸餃，斷裂的則拿來包蝦仁餛飩正好。

在食材取得方面，和多數連鎖餐飲集團不同，鼎泰豐並非以量制價、被動等待肉品供應盤商上門報價，而是前進產地尋找重視品質的供應商，建立契作或長期盟友關係，做好源頭管理。

店內招牌菜之一的「元盅雞湯」，味美鮮嫩的黑骨雞，即來自台東一處牧場的放山雞，經勘查牧場周邊水質條件和畜養環境，才攜手合作契養，電宰之後，更是派出自家的冷藏專車，整車只載運雞隻單一食材，避免因委外物流公司，同時運送其他品類或不同溫層畜產品，出現交互感染的食安問題，送進中央廚房之後，再由專人進一步處理，仔細檢查每塊雞肉雞皮上的殘留毫毛，才能達到米其林餐廳等級的高品質要求。

換言之，為確保高品質食材的高規格處理，鼎泰豐大部分餐點，其實都是由高效率的中央廚房提供，只保留蛋炒飯和小籠包等少數品項，是現點現做的餐點，但這卻大大滿足消費者的期待和體驗感受，儘管因此無法做到銷售極大化，讓客人必須排隊等候，**但只要塑造場景，讓客人覺得排隊不是件苦差事，就不會影響消費者對這家店的滿意度**。

在一份研究鼎泰豐排隊管理的論文（〈從鼎泰豐兩家分店的營運研究排隊管理之異同〉，台大商研所廖晨吟）即提到，鼎泰豐最主要的排隊管理措施有二：預先點餐，以及「一線」人員和客人進行互動。預先點餐是，當客人取號碼牌同時，除被告知預估等待時間，也會預先拿到一份點餐單，一邊排隊一邊先行完成點餐程序的同時，不知不覺時間便已過了十來分鐘，且也因到號同時客人已備妥點餐單，縮短入座之後的上菜時間，對整家店帶來的最大效益，莫過於讓翻桌率再提升。

至於，發放號碼牌的「一線」人員角色，除叫號之外，也扮演和客人互動的親善大使，不定時端出店內也有販售的伴手禮鳳梨酥，讓排隊等待的客人試吃，心理上覺得沒有被店家遺忘。另外。每家店門口，也都有造型討喜的Q版小籠包立體公仔，供觀光客拍照上傳打卡，台北一〇一大樓美食街的鼎泰豐，更添購 Pepper 機器人和客人互動，打發排隊這段時間的無聊感，都可以看到鼎泰豐在排隊管理上，用心的程度。

野戰案例

「瓦城」廚藝學院讓東方菜兩岸飄香

以擁有國人熟知的「瓦城泰國料理」、「1010湘料理」，以及「大心新泰式麵食」等多品牌，在兩岸開出百家連鎖餐廳，成為全台最大東方菜集團的瓦城泰統，創辦人徐承義即是發展出一套不設立「中央廚房」，但卻以「廚藝學院」讓集團旗下五大品牌的七百位廚師，透過選用的上千種香料食材，所料理出的近一百七十道美味菜色，能大量複製且口味一致。

回顧集團大事紀，一九九〇年在台北仁愛路圓環附近，開出第一家瓦城，掀起泰國菜餐飲風潮，繼而開出「非常泰概念餐坊」，成為時尚餐廳的先驅與指標之後，徐承義並沒有設立中央廚房快速展店，而是著手成立內部廚藝研發單位，進行菜色研發、技術創新，以及品質標準化，培訓持續擴店的廚務人才。二〇〇〇年，當集團總店數達十家時，他進一步在總管理處成立「資源運籌中心」，提供各分店食材供應與品管的後勤支援服務；二〇〇五年，更建置「廚藝管理學院」，首創業界內部廚師培育機構。

架構「資源運籌中心」、「廚藝管理學院」，取代中央廚房功能，讓集團進入快速展店階段，才陸續新創「1010湘料理」等多品牌，並跨出北部市場進軍中南部。瓦城也將這套連鎖餐飲戰法，複製到中國大陸，二〇一八年初，「上海資源運籌中心」正式落成，為後續營運展店布局，提供強而有力的後援。

成立「廚藝管理學院」，把品牌做深，是瓦城解決東方菜烹調型態多元，口味難被統一複製的方法，也建立起一時難被超越的經營門檻。這和徐承義從小就練跆拳道，且已達黑帶等級有關，他認為做菜就像練武，廚藝就是廚師的武藝，必須從蹲馬步開始，按部就班訓練培養。

仿效跆拳道升級制度，徐承義自創「廚務十一級臂章制度」，將廚藝學習分成十一個階段，分別以白、黃、橘、綠、藍、紅、黑等不同顏色臂章標示，如同跆拳道以腰帶顏色區分，在瓦城集團的廚房內，每位廚師身上，也都別著不同顏色的小牌子，代表廚師在廚房的位階高低，想升級進階，必須先通過學科筆試與術科實測，順利的話，兩年就可以成為燜炸、涼拌、蒸烤、爐炒樣樣都會的綠帶師傅，五年可以拿到紅帶，晉升為廚房經理。

把廚藝做系統化管理最大好處是，大幅縮短了廚師的養成時間，特別是將烹煮東方大菜的刀工、火候和調味等，只能意會不可言傳的老師傅手藝，透過拆解建立標準化作業程序。以火候為例，即依爐火高度、顏色和集中度區分為八種，「文火」在瓦城的SOP上，就定義為火舌尖剛碰到鍋子底部，溫度約一二〇度的紅色火焰，適用於爆香。又例如客人必點的月亮蝦餅為例，從選材開始就要依據海蝦、白蝦等三種以上不同蝦種，按照含水度、鮮甜度、纖維感，依比例製成蝦泥，每一種蝦的顆粒要打多碎、拍打的手勢如何都有規定，一共拆解成一〇八道工序，如此一來，透過不同廚師的手，才能做出相同鮮、Q、厚、脆口感的招牌蝦餅。

有了這套管理流程，做為培訓廚藝、檢定技術含量的基礎，一般廚師得花十年才能出師獨當一面，在瓦城卻只要兩、三年，從而才能建立起連鎖東方菜餐廳，持續展店背後源源不絕的廚師團隊。

大店長講堂金句

經營有制，夥伴有心；
顧客有感，風格自在！

——無印良品 **梁益嘉**

不踩雷便利貼

2.4

- 消費者要的是負擔得起的好東西，而不是最低價的。
- 年輕世代越來越重視，消費過程展現個人的價值選擇。
- 就算內部管理 SOP 化，也不要給消費者 SOP 的體驗。

Memo

2.5
找員工當股東真的好嗎？

創業需要資金，錢從哪裡來？

對創業者來說，早期資金除來自個人積蓄，不外就是靠 3F 支持：朋友 Friends、家人 Family、和傻瓜 Fool。第三個 F「傻瓜」有兩種解釋，一個是沒搞清楚狀況就投資的金主，另一個則是天使投資人（Angel Investor），他們似乎只因相信某一個創業者的熱情，或看好某一個天馬行空的商業點子，就願意掏錢支持這個創業計畫，在外人看來與傻瓜無異。

偏偏，在美國矽谷，就有許多這類天使投資人的「傻瓜」，他們通常是創投或私募基金，以其對產業深入理解，以及辨識新創團隊的能力，培育未來創業之星，例如 Uber、Airbnb 等，新創階段就是在這類資本挹注下，茁壯成為如今市場估值超過十億美元的獨角獸。不只是科技業者，像藍瓶咖啡

（Blue Bottle）這樣的餐飲品牌，早期階段都曾獲得包括 Twitter、Instagram 創辦人，和 Google Ventures 等多方的資金。

反觀台灣，則由於大型企業或財團，對創新創業興趣普遍不高，服務業絕大多數是靠自有資本起家的中小企業，最多就是政府或銀行提供的創業貸款，新創階段幾乎看不到天使投資人。這其中，找員工當股東，是新創資本形成或股權設計，最常踏入的誤區之一。

表面上看起來，透過員工配股等股權激勵措施，員工身兼股東，分享企業成長的經營利潤，個人收入與公司經營績效連動，更願意把公司當作自己事業拚，可有效提振士氣與工作積極度。但另一面的問題是，員工心態畢竟和老闆心態不同，上班族期待穩定收入，一旦經營環境劇變或需長期投資，是否也能像創業家一樣，願意承受高風險？服務業人員頻繁異動，離職之後股權交易又該如何規畫？也都必需事先做好評估。

不踩雷思維

就業靠長板，創業玩短版

服務業創業者普遍的背景，八成以上是產品或業務出身，例如常見烘焙師傅開麵包店、美髮設計師身兼沙龍店長，強調技術本位不是壞事，但卻常因此缺乏股權設計，或引進策略性投資人的財務力；或從創新商業模式切入市場，進行隔行打劫的想像力，以致不易把品牌做大、做深、做強。

換另一種思維，誰說不會做麵包，就不能開麵包店？

如今在全球開出千家烘焙咖啡複合門市的85度C，創辦人吳政學就是一個不會做麵包的麵包店老闆。二〇一〇年底，他以「美食達人」公司回台掛牌，上市前夕接受《商業周刊》專訪，談到如何建立兩岸萬人團隊時曾說，他最效法的歷史人物，是編草鞋出身的三國人物劉備，劉備一無所有，卻靠桃園結義和三顧茅廬，得能人、打天下，建立蜀漢政權，「我是個沒有才華的人，不如曹操聰明，只有能力學劉備」，他這樣形容自己。

師法劉備手下人才多元，有武功高強的關羽、心思縝密的張飛，還有神算軍師諸葛亮，吳政學團隊建立哲學，對創業者最大的啟發是，找對戰略合夥人的重要性！

因為，創業當老闆和就業上班族最大差別，在於就業靠的是「長板」，老闆之所以雇用你，是因為看上了你的長處和優點；但如果考慮創業，就必須清楚瞭解自己的弱點「短板」是什麼，然後尋找能夠和你能力互補的團隊成員。

因為，若把團隊建立起的競爭力，比喻成不同木條梆成的木桶，按照「木桶原理」，一個水桶無論有多高，它盛水的高度取決於其中最低的那塊木板，新創團隊的戰鬥力，便是取決短板的長度。

意思是，能力上，如果你是廚師，想開餐廳就不能只找志同道合的廚師朋友，而是要找懂得市場營銷、財務管理等高手加入；特質上，如果你個性謹慎，重視細節，那創業團隊裏頭，就要有敢衝鋒陷陣，喜歡挑戰高業務目標的成員。**切記，小成功靠個人，大成功靠團隊！**

不必只是為了激勵　找員工當股東

戰略合夥人的觀念，不只作為團隊建立的思考，也很適合作為形成股東結構的原則。

台灣服務業往往因初始資金相對較少，每一分錢都必須用在刀口上，所以在資金運用主要集中於內外場的人事費及相關食材、設備成本等，創辦人也因多為技術者或擅長業務開發，對於股權分配和設計較不熟悉，若貿然實施員工入股當作激勵工具，恐導致經營紛爭不斷。

事實上，中小型服務業草創初期，帳務不夠透明的情形下，公司股權對於員工而言，其實價值非常低，在薪資成長有限的狀況下，要員工期待取得公司股票，等待日後ＩＰＯ後獲利出場，往往會覺得不如老闆依業績或貢獻度，直接發獎金比較實際，也能收到激勵效果。

另一方面，新創服務業由於商業模式還是試錯階段，員工流動率高，一開始就讓員工認股或以部分股權代替薪資，畢竟有股權就應視同股東，有理由更進一步了解公司的經營狀況，很容易對經營決策造成干擾，若等不到公司掛牌上市，離職時股份如何鑑價買回？這些問題都可能造成不必要爭議。

若是出於員工激勵的需求，比較可行的做法是，實施「虛擬股權」的分紅制度，不是實際給予員工股權，而是勞資雙方議定，營收或淨利的一定比例和員工分享，前提是必需將每家店的收入、費用等財務數字公開，讓夥伴可以依據數字表現一起打拼，建立經營共識。

IPO前的募資計畫

如同開店可分0、1、10、100等不同階段，每個階段要解決的問題都不盡相同，創業的募資計畫也可分以下階段：種子輪、天使輪、A輪、B輪、C輪……Pre-IPO，最後則是IPO、興櫃、上櫃到上市。

「種子輪」是開店還在構想階段，尚未得到市場驗證，也就是0—1的過程，這筆種子輪資金多來自朋友或家人，因為這時沒人認識你，之前也沒有創業經驗，要對陌生人募資相當困難。當一家店發展較為穩定，初步找到自己的市場定位，或產品或服務已較明確，這時候需要第二筆資金擴大經營規模，逐步邁向1—10的連鎖規模，這個階段可稱做「天使輪」，邀請外部投資人加入，不過仍要確保核心經營團隊股權不能被過度稀釋，可以發行特別股等措施來保護自己，或國外很流行同股不同權的股分形式。

進入10—100，公司規模大幅成長的階段，此時需要更多資金，就適合找創投（VC，Venture Capital），開啟後續的A輪、B輪……等募資階段，由於創投資金部位較大，所以投資金額也較多，一般都是大於新台幣五千萬元以上，品牌的發展性與財務健全度，往往是創投評估是否注入資本的重點，如果公司過去都是兩套帳，這時候就需要進行整帳，強化財務透明度，定期向投資人做報告，逐步讓公司管理步上軌道，並同步導入公司治理的機制。因為既然是外部投資人，他們獲利的方式無非就是當IPO，或這家公司被併購才能出場變現，但要走到IPO或公司具被交易價值，前提都是要有良好的公司治理。

要特別提醒的是，很多服務業店家，尤其是**餐飲業，因為都屬於「收現金」的經營型態，往往覺得資金不虞匱乏，或透過連鎖加盟便也能快速讓現金入袋，經營者普遍存在的迷思是：又不缺資金，那還需要募資嗎？**其實，進入互聯網經濟，產業變化快速，零售業環境與消費型態，從二十年前，大約十年一大變、五年一小變；到十年前，五年大變、三年小變；五年前，三年大變、一年小變；現在，可說是年年大變，開一家店雖然眼前現金充裕，但如果有外部資金挹注，就可以更快速地擴大事業版圖，建立品牌護城河，甚至可藉國際投資團隊的豐富人脈，協助公司迅速的進入其他國家或市場。

另外就是，投資人往往都是錦上添花，這是人性使然，所以募資一定要在發展正好的時候進行，才能彰顯一家公司的價值，這個價值展現在每股價格，會讓投資人願意出較高的價格來投資公司，因此不要覺得當下不缺現金就排除對外募資的可能性，因為募資規劃跟未來ＩＰＯ都是息息相關，這攸關公司是否能做大、做強的關鍵。

外部資金除找創投，進入互聯網時代，合作與連結是新經濟的精神，亦可思考崁入創業生態圈，選擇眾籌途徑。透過募資平台，進行創業初期籌資，藉由向大眾說明自己的產品和服務，尋求大家購買或投資，還可能同時達到品牌行銷的目的。

野戰案例

「王品」為何上市反而成長停滯？

二〇一二年ＩＰＯ掛牌上市的王品集團，股價曾一度飆到五百一十七元，成為最受矚目的上市餐飲集團。不過，上市後的王品，除第一年營收從九十六億元跳躍式成長至一百四十八億，接下來連續多年，兩岸總營收僅維持在一百六十億元左右，獲利也不若往昔亮麗。為何上市籌募資金，反而讓王品成長動能趨緩？

事後來看，因為要上市，原本驅動王品成長的兩大ＤＮＡ——「獅王制度」和「海豚哲學」，被迫中止或大幅調整，股權設計與激勵制度的轉變，讓原本員工即股東的文化不再，對應提出的配套又未能奏效，是導致王品面臨成長瓶頸的關鍵原因之一。

上市前，王品鼓勵內部創業，創新品牌的方式，是內部高階經理人（獅王）率領兩至三位幹部，獨力創立新品牌，例如「西堤牛排」，當年就是由接任戴勝益的王品董事長陳正輝所創立；「陶板屋」為當時集團財務最高主管王國雄所另闢的新戰場。開新店的機制，則是鼓勵店長、主廚拿錢投資開店，區經理、品牌負責人、副董事長到董事長，也都得按比例認股，資深一點的員工人人都是股東，一方面可以留住優秀同仁，除讓有企圖心的人才都能在集團內發展，也可以匯集眾人之力，持續擴張規模。

員工入股最大好處是，因為夥伴真正的投入金錢，有了真實的參與感，團隊就是命運共同體，店頭盈虧大家都很有感。當然，只要賺了錢，出資者便能按投資比例分紅，當時王品建立的「即時獎勵、立即分享」分紅制度，不必等一年、半年或一季，每個月各店盈餘立即拿出來按持股比例分配，其中，店長還可再分五％、主廚分三％，造就許多百萬年薪的店長和主廚，這也就是「海豚哲學」。

不過，上市之後，由於需符合上市櫃公司的治理規範，為統合兩岸數百家店股權結構，王品陸續購回各店員工持股，並釋出部分股權給市場投資人，隨股權結構改變，品牌創新和分紅方式也跟著調整。新品牌由高階經理人搭配企劃部們，透過總部組織力量，進行市場可行性評估後成立；過去各店每月盈餘，隔月按持股比率直接分掉，但上市後只能拿出其中三分之一在各店分配，剩下的三分之二需繳回總部，待隔年股東大會後才能依持股配發股利。

兩者最大的差別是，王品上市前是多品牌獅王共治，有戰功立刻打賞，好處是靈活有彈性，典型中小企業的內部創業形態；但缺點是，因股東有快速獲利的期待，不利建立「深板凳」人才部隊，店數的擴張進度，總部也難完全掌握。至於上市之後，股權和管理權都集中，不管是創新品牌或開店選點，皆由總部主導，雖可發揮資源綜效，以組織之力縮短創新時間，建立企業在國際市場移動的戰力，但缺點則是層層節制的管理組織，容易產生少做少錯、吃大鍋飯的官僚文化。

或許很難從股權設計單一因素，完全說明王品上市前後的表現，究竟是中央集權好，還是獅王共治較佳，管理學上也沒有定論，需視產業別、市場情境與企業發展階段等不同因素而定。但不可否認的是，對於已嘗過「即時獎勵、立即分享」甜頭的店長和員工，如何讓他們願意改變，接受新的分紅制度，不只是王品上市過程面臨的挑戰，也值得大店長進行股權設計時，進一步思考的課題。

大店長講堂金句

開店憑膽識，
賺錢靠財務紀律。

——勤業眾信會計師 **陳慧銘**

不踩雷便利貼

2.5

- 不只志同道合，創業更要找能彼此互補的團隊夥伴。
- 要讓員工成為股東，要考慮的是員工是否也願承受風險。
- 如果只是為了激勵，員工入股顯然不是唯一的做法。

Memo

PART 3

10-100：O2O虛實整合

虛實聯盟，永續成長

3.1
抓「小數據」vs. 管「大數據」

微軟創辦人比爾蓋茲（Bill Gates）曾說，人們總是高估兩年內會發生的改變，卻也低估了十年間出現的變化。

從第一代 iPhone 到 iPhone X，便是一個沒有人可以低估的時代變化。

二〇〇七年，第一代 iPhone 上市時，當年全球只賣出一千兩百萬隻智慧型手機；二〇一七年，蘋果公司推出 iPhone X，做為慶祝 iPhone 上市十周年紀念機款，這一年，全球智慧型手機的年銷量高達十四・四億隻，十年間足足成長了一百二十倍。累計這十年來，全球共售出超過八十五億隻智慧型手機，比地球上的總人口數還要多。

這十年，恰也是臉書（FB）開始提供中文化服務的十年，不過十年時間，台灣 FB 註冊的使用者已超過一千九百萬人，LINE 用戶人數也相當於這個數字，占全台總人口八成；這當中，一千八百萬人習慣在手機上使用社群媒體。而根據統計，全世界則有超過二十億人、每天花超過一億小時在觀看FB所提供的影音和文字內容。

智慧化、行動化、社群化，讓過去十年全球商業活動，掀起前所未有的劇烈變化，徹底改變消費者的決策和行為。串接電子商務與實體通路的O2O，開啟整合電商、店鋪、物流、多元的支付方式，線上到線下的全通路消費體驗和商業模式，這即是以大數據分析為核心的新零售、新餐飲時代。

其中，**數據可說是貫通O2O商業模式，最關鍵的資源，這是為什麼《經濟學人》說，在二十一世紀，數據的價值比石油還重要**。對服務業經營來說，靠實體店面數勝出、門市通路為王的時代，已經結束了，取而代之的，是以顧客為中心的全通路營銷模式，搶「市占率」更要包圍「心占率」，應用科技解析數據，並精準行銷，是打開從1—10擴大經營規模，到10—100邁向永續成長的成長金鑰！

不踩雷思維

沒有數據，別說你懂消費者

在新零售時代，服務業大店長必須重新理解，消費者是怎麼買東西的？《客評經濟的力量》一書指出，美國近八成消費者在進行消費決策之前，會先瀏覽線上評論網站的意見。七五％以上消費者是透過網站或社群媒體的評價和推薦，來發現新產品。也就是說，網路瀏覽取代逛馬路這件事，不必出門就知道有什麼新商品上市，怎麼買不會錯，問Google大神比聽購物專家的建議更權威。

此外，年輕消費者非常依賴手機等行動裝置進行消費。根據資策會產業情報研究所（ＭＩＣ）針對台灣消費者網購行為進行調查，六成五民眾曾經以智慧型手機或平板電腦進行網購。雖說近七成網購消費者仍是以ＰＣ為主要的線上購物載具，但如果單獨將十八至二十歲的族群拉出來看，透過手機完成購物的比例達五成三，遠高於整體平均，行動購物經驗的比例也是所有年齡層中最高的。

零售圓環圖清楚說明了從「顧客」相關數據搜集出發，透過物聯網、大數據與人工智慧等數位「IT 工具」，串接的「全通路」消費模式。（圖 3.1）

「**顧客**」數據包括線下與線上的消費與互動歷程。線下數據除來自消費者性別、金額、頻次與購物清單等，甚至也包含透過安裝在天花板攝影機鏡頭，紀錄顧客在店內的個別行為軌跡，包括摸了店內哪一區的商品，或在每個櫃位前停留的時間；線上數據則有官網瀏覽軌跡、粉絲團的留言互動，或電商消費資料。取得這些數據，目的只有一個，就是建立和顧客的全面關係，為下一階段進行精準行銷做好準備。

建立全台唯一零庫存 O2O 體驗店的「Life 8」男性鞋店，就是建立科學化的數據分析，藉由紀錄顧客在店內的一舉一動，只要商品被拿一次，就有一次相對位移的紀錄，從中觀察商品受關注程度與訂單成交的關係。舉例來說，銷售團隊曾透過數據發現，落地櫥窗前的櫃位每天都有許多顧客上前查看商品，但該區成交狀況卻不理想，於是便將此櫃位原本販售的休閒鞋換成運動鞋，成交率立刻翻倍提升。

「**全通路**」則是指依滿足消費者體驗或便利的需求，商品銷售管道概分為

圖 3.1　新零售圓環圖

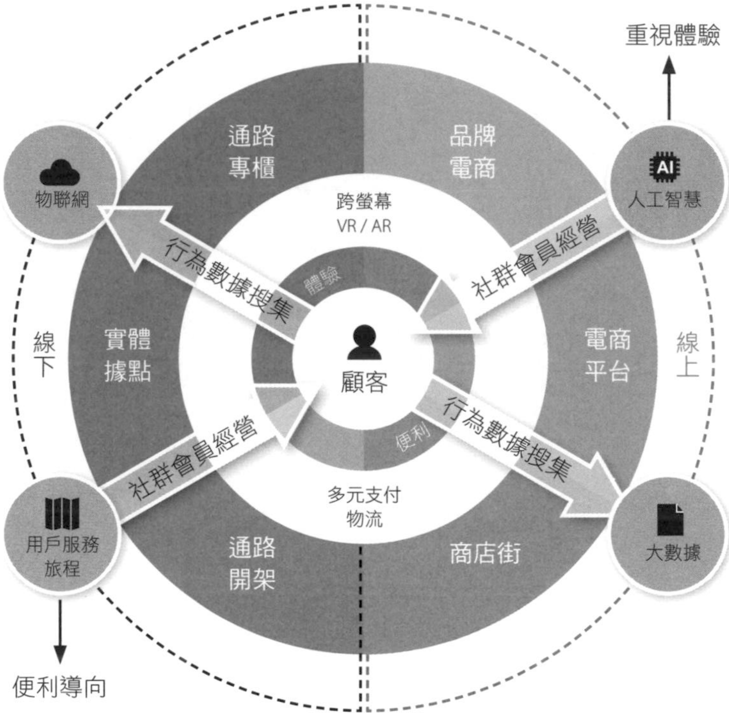

資料來源：Sharelike 享萊公司

實體據點、通路專櫃、品牌電商；與電商平台、商店街與通路開架兩大類。每個通路代表不同的消費場景：

「實體據點」——體驗為主、銷售為輔。

「通路專櫃」——銷售為主、體驗為輔。

「品牌電商」——創造線上體驗與售後服務為主。

「電商平台」——以快銷品為主，快速創造獲利。

「商店街」——沒有自己官網的品牌，訴求曝光拉高知名度。

「通路開架」——方便消費者一次購足，提供同值性商品比較與比價。

不同通路雖互補但也存在對立性，例如強調細膩服務的實體名店，當進入通路開架或網路商店街時，原本品牌具備的優勢，往往未必能跟著進行轉移，對經營者來說，必須透過重新設計商品或行銷策略，破解對立以趨近全通路。京都百年老店「TSUJIRI 辻利茶舖」，是一個趨近全通路經營的品牌個案，不但位在京都祇園的本店（實體據點），吸引遠道而來的各國觀光客大排長龍，也進駐東京、台北、澳洲和英國等地百貨商場內的櫃位（通路專櫃），還與台灣的全聯超市合作，推出期間限定的銅板價抹茶甜點（通路開架）。至於在線上通路，辻利也有自己的官方網站（品牌電商），提供消費者售後服務的管道，幾款人氣商品則進入電商通路販售（電商平台），抹茶茶包、茶碗也在博客來這類的網站（商店街）進行銷售，雖是老字號卻也可說是新零售品牌。

「**IT工具**」是指，物聯網技術串聯的數據流、線上常見的GA（Google Analytics）等大數據分析工具，或應用AI人工智慧驅動的推薦引擎，藉由IT的強大功能，不但深度了解顧客需求，更可利用社群網絡接觸到新客戶，發揮社群會員經營的最大化效益，進而促成C2B的個人化銷售。

飛利浦家電　一％小數據鞏固九九％通路

搜集顧客相關數據資料，第一步是必需將行為資料數據化（Digitalized），不管是建立內部CRM顧客關係管理系統，或應用外部化的IT平台，一切都必需回到數據的基礎，才能精準描繪顧客的面貌，而不是靠感覺和印象認知市場消費者。

需特別提醒避免踩雷的是，對多數店家來說，建立每一位顧客的個別化數

據資料庫，管理「大數據」的成本過高，但一定要抓一部分客人的「小數據」在手上。即便是像台灣飛利浦家電這樣的大公司，進行全通路轉型時，都必須重新掌握一％顧客的「小數據」。

《數位時代》曾報導，飛利浦家電的轉型痛點在於，不論是線上通路如PChome、momo等「商店街」或「電商平台」，或是實體量販百貨（通路專櫃）或3C專賣店（通路開架），基本上所有電器產品可以銷售的九九％通路，都可以看到飛利浦產品蹤跡，但這麼多銷售管道，真正能掌握消費者的，其實只有百貨專櫃。換句話說，全通路中其他五大通路的顧客面貌，特別是來自線上的消費者，飛利浦可說是一無所知。

台灣飛利浦深知，當無法握有顧客相關數據，不知道消費者從何而來、為何而去，就不能決定要提供消費者什麼樣的產品和價格，短期雖仍可透過促銷拉抬業績，但長期來說非常危險，因此，決定投入資源，建置線上直購的自有品牌官網，儘管這只是營收占比不到一％的新事業。

線上直購上線第一年，飛利浦主推「喚醒燈」和吸塵器，這兩個具成長動能的策略性產品，而不是什麼都賣亂槍打鳥，儘管第二年營收就成長五倍，但初期重點不在營收規模，而是取得會員成長率、購物籃價值、回購率和轉換率等多項指標，並進一步分析，找出最有效的成長動能，而透過會員顧客的數據分析，行銷經理能更精準操作並購買數位廣告，這對一年廣告預算動輒數億元的飛利浦來說，「精準」創造出來的效益相當可觀。

最重要的是，透過成立「品牌電商」所做的數據分析，讓飛利浦找到消費者為什麼要上網買產品的答案，當再進入Pchome、momo等「商店街」或「電商平台」時，因**洞悉線上消費者所重視的差異化價值主張，例如提供會員免費試用或商品組合優惠，避免因發動價格戰流血促銷，反而先打垮自家線下實體通路，這類左手打右手的常見O2O銷售困境**，達到運用一%營收顧客小數據，鞏固九九%通路價值的目的。

野戰案例

「全家」會員APP精準追蹤每一點

過去十年，國內整體零售業消費額只成長五三%，但線上電商卻成長了一〇九%，實體通路大餅正快速被瓜分，年輕人對線上購物的依賴越來越深，對許多店家來說，都是門市經營的最大痛點之一。

面對線上、線下混搭的新零售消費趨勢變化，獲IBM評為台灣零售業最擅長數據決策的全家便利商店，是如何思考O2O變革？答案是擁抱顧客數據，甚至不惜砍掉重練。

二〇一六年四月，全家取消做了十幾年的貼紙集點行銷，全面改成採會員APP發放虛擬點數，並砍掉累積十多年的一百九十萬會員，重新建立會員制度。也因為有這套線上會員系統，隔年七月，才開始推出APP預售商品服務，消費者並可分批、跨店取貨，以咖啡為例，就打破以往只能單店寄杯限制，領先業界首推可跨店取杯的服務。

全家董事長葉榮廷相信，大破始有大立，這是在建數位新渠道，為了搜集數據所做的準備。他認為，如果搜集不到顧客數據，後面的預測分析和互動都是假的，但過去累積的會員資料並沒有連接消費情報，數據量再多都是無效的會員資料，也形成不了大數據的威力。

但為了打造數據渠道，全家內部卻掀起激烈論戰，光是取消實體貼紙，內部就吵了兩年。一派主張消費者就是喜歡貼滿貼紙的感覺；一派則主張應該虛實並進，漸進式調整，一下子全面取消貼紙的衝擊太大。葉榮廷最後不僅決定取消實體貼紙，還要全面改成「一元贈一點」，與過去六十九元滿額才發一張貼紙的實體集點規則，完全不同。

形成這樣決策的理由是，十多年前設計的滿額贈點，目的是拉高平均客單價帶動業績，因為以前六十九元以下的消費數據不會被記錄，無法進一步分析，有其當時的時代意義，但現在資訊系統運算效率已大幅提升，改成一元一點之後，每一點都可以追蹤成效，更有助於行銷部門的操作，數據扮演的功能，從過去只能做每檔行銷的事後驗證，轉變為能驅動會員消費行為的預測、互動，甚至是做到差別定價。

確實，一下子改變消費者集點的習慣，也引來不小反彈聲浪，甚至有鄉民放話如果沒貼紙，就不去全家消費，就連店頭加盟主抱怨，為了說服消費者加入線上會員，拖長了櫃台前的結帳時間，這樣聲音持續了整整一季才消失。

全家行銷團隊一開始，也很擔心影響到客單價和消費者集點的參與度，但一想到發放紙本集點貼紙，除從印製貼紙到保存貼紙都是成本，特別是門市人力越來越吃緊，其實對店面勞務造成很大的負擔，於是堅持度過轉型陣痛期，最後意外發現，客單價並沒因此受影響，消費者的集點參與率竟也不降反升。

如果說顧客數據是水，建會員APP是造渠，究竟該先造渠還是先引水？葉榮廷的轉型心得是，水道渠成當然是最好，但現實面一定是渠先建好了之後，才能引到水，「但這中間，就需要冒險！」

大店長講堂金句

新科技若不能帶來新的營收，
那就只是噱頭。

——全家便利商店 **葉榮廷**

不踩雷便利貼

3.1

- 將顧客的行為數據化，是一切行銷活動的基礎。
- 進到不同通路銷售，產品和行銷方式都需重新設計。
- 擁有大量數據資料，不等於就能帶來大數據的效果。

Memo

3.2 拚新客 vs. 深耕熟客

進入 O2O 虛實合一新零售時代，消費者買東西的方式變了，賣東西的方式當然也要跟著變。

過去，開店選址，講求A級商圈、A級能見度，最好開在人潮不斷的三角窗。但新零售之後，人們線上購買服務、線下取得服務，以餐飲需求為例，當越來越多客人滑手機叫外送，餐廳想做大生意，仍一定得砸高租金，開在人流量最多的捷運站出口嗎？

過去，最好的生意就是當場收現金，延後付款給供應商再賺一筆利息，現金為王。但新零售之後，行動支付普及，許多服務更是綁定支付，如搭 Uber 得先下載它的 APP，它從此掌握顧客的行為資料，這才是最好的生意，因為，**擁有數據才能稱王！**

過去，開店追求高坪效，不然就是靠開越多家店，營收和利潤才能創高。但新零售之後，門市最重要的任務，是提供體驗價值的場域、強化品牌認同感，創造高回購頻率，進一步滿足延伸的商品或服務需求，搶客人的心占率！

這些改變，導致一家店或企業的成長路徑，也與過往不同。

對實體零售業來說，第一個階段最重要的就是做商圈測試，反覆測試「1」是否禁得起考驗，不斷修正產品定位和價格模式，建立強有力的商業模式。至於「10—100」階段，牽涉到的則是整體戰略，究竟是繼續一家一家開，還是找出十個市場規模相近的區域，複製「1—10」的成功經驗，發揮「10×10」的乘數效果，達到開一百家店的規模目標。

如今，透過線上電商，「1」可能直接跳躍式成長到「100」，商業想像更迷人了，但要具備的管理力，特別是數據管理能力，也更複雜了；開店的競爭，往往比的已不是誰的資本雄厚，或誰的產品最獨家，而是比誰能用最快、最有效的方式，找到想認識你的那群顧客！

不踩雷思維

精準行銷，讓熟客帶新客

二〇一六年，阿里巴巴創辦人馬雲提出「電子商務」一詞將消失，取而代之的是進入新零售時代，而新零售最重要的三大戰略是：「商品通」、「服務通」、「會員通」，也就是全通路銷售、串接線下服務體驗，以及透過以顧客為中心的會員關係，實現顧客終身價值，提高企業獲利。其中，「會員通」是新零售店家賦能的關鍵基礎。

嚴格說起來，「會員通」並非新鮮事，航空公司的哩程酬賓計畫、信用卡消費的紅利點數兌換，都屬經營會員關係的商業模式，只是，從來沒有一天，會員經濟的重要性如此被重視。原因在於，進入互聯網時代，消費者越來越有主張，不易被品牌行銷輕易操作，加上新品牌暴增，商品供過於求，店家或品牌獲取新用戶的成本變貴了。

根據研究機構 Fiksu 以及《哈佛商業評論》報導，在行動網路時代，取得一個忠誠用戶的獲取成本，一年漲一倍；獲取新用戶成本，是維護舊用戶五倍到二十五倍；顧客留存率增加五％，企業獲利率便可提升二五％到九五％。換言之，對企業來說，與其砸大錢捕新魚，不如深入經營既有魚池，提高每隻魚的營收貢獻，投資報酬率更高。

以主攻 3C 團購，成為台灣團購電商龍頭的「486團購網」，除經營高達七十三萬粉絲的粉絲團，就是靠把老客人服務好，創造八成的極高會員回購率，因而讓每位員工，創造平均逾四千萬元年營收的人均產值，更享有平均薪資六萬元、每年兩次出國員工旅遊的福利。中國大陸嬰幼兒用品通路品牌「孩子王」，則在展店前，要求店長需先在商圈內找到八千名會員，一開店便為這群會員提供不同生命階段的服務，包括從懷孕、生產、育兒到兒童生日、幼兒園入學等服務，透過商品、服務、社群互動，產生會員的深度黏著性，不停擴大經營版圖。

不只提高回購率，會員經營得宜，顧客需要什麼都會找你，還可以創造本業以外的新生意。中國大陸獲利率最高的物業上市公司「彩生活」，就是一個很典型的案例。打開彩生活的 APP，住戶會員除可以繳社區管理費、水電叫修、送洗衣服，安排學童課後安親與線上租房等，一應俱全的社區服務之外，還可以買黃金、買基金做理財，但原本彩生活只是一個收取管理費提供保全服務的物業公司，如今，這些從物業延伸的加值服務，卻成為該公司主要獲利來源之一，公司獲利率則為同業兩倍！

從傳統的保全，轉變成為生活服務平台，彩生活執行長唐學斌不斷告誡員工，**要搞清楚自己服務的是「人」，而不是「物業」，出發點改變了，經營成績就天壤之別**。

黏住熟客、差別待遇、動態定價

鎖定的服務對象是「人」，正是新零售以顧客為中心的思考。顧客行銷資料取得並數位化只是第一步，最關鍵的是引爆「數位行銷力（Digital Marketing）」，如此，綁定會員之後，才可能促動回購頻率，引導全通路購買行為發生，最重要的是，從而再導入更多的新客。

事實上，早在跨入互聯網時代之前，顧客資料或相關數據，原本就是一家公司的營業命脈，但不同的是，在過去，數據是用來進行商業分析，分析商品在目標消費者形成的市場區隔內，具備的市場優劣勢以及成長空間，企業努力的方向，是致力提高在特定區隔市場內的占有率。

但進入新零售時代，由於搜集的是每一位顧客的個別化數據，一萬個客人就有一萬組不同的個人化數據，也就是大數據。**透過以消費者洞察（Consumer Insight）為基礎的演算法，所驅動的大數據，是發動精準行銷的火藥庫**，店家可以透過顧客購買的商品清單，預測並判斷他的下一筆需求。例如，當顧客經常在亞馬遜網站購買食譜書籍，大數據便能預測並推薦，他也可能也需要購買相關廚具用品甚至是生鮮食材；一個經常在網站上瀏覽郵輪旅遊商品，以及保健食品資訊的人，若推薦給他有機染髮劑商品，成交機率通常也很高。

因為每個顧客的需求都不相同，在網路瀏覽內容的軌跡也不一樣，因此，精準行銷可以做到「千人千面」，也就是進到同一個電商平台或商店街，每個人看到的首頁或推薦商品都不一樣。這對品牌行銷最重要的影響是，過去投放廣告強調曝光，為了要讓廣告被更多人看到，廣告主希望商品資訊出現在報章雜誌頭版，或網站最顯眼的地方，並為此付出較高代價；但如今，廣告主思考的是，如何精準鎖定該產品的特定受眾，買的是「人」而不是「版面」。

甚至，相同產品也會因為會員分級，價格有所不同，形成差別化的待遇。網路書店起家的博客來購物網站，就把七百四十萬會員，依消費金額和頻次，從一般到鑽石分為四級，針對不同級別會員，提供不比例的購物金回饋或折價券，除每月針對特定商品給予不同折扣，目的是加快客人的回流速度，但對於訂單出貨順序、客服與退換貨等基本服務，則一視同仁，避免新會員產生差別待遇的負面感受。

事實上，**動態定價，也是精準行銷最終要達成的目的之**一。例如全家便利商店就根據會員數據，區分為常買咖啡和不常買咖啡的族群，推播不同促銷訊息，對不常來買咖啡的給予第二杯半價優惠，提高他上門消費的動機；至於常買咖啡的這群會員，則提供搭售麵包的不同優惠，對全家來說保住獲利率也拉抬其他品項，同時滿足不同會員的需求。

在新零售時代，由於資訊同步化、行動化，加上大數據分析與ＡＩ人工智慧運算，動態定價成為許多商品或服務的常態。Uber 叫車採取的浮動計價，也是一種動態定價，車資依據該時段，可供搭乘車輛與乘客的需求量而定，颱風天可能是平常的三倍，但夜間可能因為下班兼差的司機多了，車資反而還比夜間固定加成的計程車便宜。

精準行銷需靠高效率的ＩＴ系統，對多數店家來說，ＩＴ建置與維護成本極高，但好消息是，店家可以運用Google、ＦＢ等外部工具，站在巨人肩膀上提升數據效率。以ＦＢ為例，實體店家只要握有一批消費者的正確數據，如電話號碼，提交ＦＢ啟動受眾洞察報告功能，ＦＢ就會告知這批顧客最常查看的前十名粉絲頁、性別比例、年齡分層、生活型態、感情概況和教育程度等，讓店家能精準掌握客戶面貌，再找到更多面貌相似的潛在新客戶。

野戰案例

「Sharelike」熟客專家串聯小店打群架

熟客經營很重要，大家都同意，但如何綁住熟客，卻經常是服務業店家的經營痛點，發放ＶＩＰ會員卡集點卡，顧客容易搞丟，如今已很少人會帶一疊卡片出門，店家資料擴充更是不易管理；邀請顧客下載店家開發的專屬

APP，常見顧客拿完折扣轉頭就刪掉，且根據大品牌經驗，顧客下載APP後，保留的比例只有三％；加入Happy Go、悠遊卡、icash等大型會員或支付平台，數據資料又掌握在別人手中。

二〇一四年成立的Sharelike享萊股份有限公司，就是一家解決零售、餐廳等實體店家熟客經營痛點，並提供會員點數代管服務的「客戶數據平台（CDP，Customer Data Platform）」新創公司。Sharelike創辦人鄭翰霖認為，平均來說，實體商店或餐廳，兩成熟客通常貢獻高達八成的收入，店家櫃檯前的消費數據是很值錢的，尤其是熟客，只是大部份店家礙於小本經營，資源有限、缺乏數據分析專業，所以不知如何有效搜集、管理、分析並應用這些數據資料，發揮精準行銷的威力。

Sharelike認為最理想的解決方法是，客人用完餐到櫃台結帳時，在面對客人的螢幕上，只需輸入手機號碼，不必填寫其他個資或下載任何軟體，即完成入會程序，同時點數與票券也可依據消費內容自動換算，店家方面便同步完成一組客人消費金額、消費時間、消費品項和消費人數等數據資料搜集，而客人端則可以透過線上查詢分享自己的點數或票券，達到品牌最希望的口碑分享。

這些櫃台前的「小數據」資料累積久了，一方面可以分析出，每位會員到店的消費行為和喜好，Sharelike 據此提供專業的客群分析報告，並分析一次客、常客和沉睡客的比例動向，讓店家一目了然，將這些數據資料，和顧客在網路上的公開資料與活動進行比對、分析，接著了解他們的其他興趣喜好，並進階分析出相似受眾，再依此透過臉書、Line 或簡訊，不定時的推播客製化、個人化的優惠訊息，把熟客變鐵粉。

除此之外，Sharelike 透過幫助店家，搜集原本他自己搜集不到的顧客數據資料，如在網路或社群媒體，設計與消費者產生互動的遊戲，進行遊戲化（Gamification）行銷，除增進與品牌的連結，更形成進行特定行銷活動的數據基礎，之後當店家在進行廣告投放時，便能清楚知道到底要和誰溝通，如何將對的訊息、在對的時間，發送給對的人。例如，透過設計星座互動遊戲，取得顧客生日和個人喜好等資料，並在他生日當月前夕，推播優惠訊息與折價券，吸引他回流消費，進行個別化的精準行銷，而不再是靠感覺投廣告亂槍打鳥，除能幫店家省下不必要的廣告支出，更帶進高價值的新客。

Sharelike 嘗試透過打群架的方式，證明只要懂得善用工具、找到對的伙伴，建立數據生態系統，小店家同樣能靠數據稱王。誰說新零售時代，只有具備寡占數據資源的大平台能得利？

大店長講堂金句

我們沒有客人，只有朋友。

——肯夢 AVEDA **朱平**

不踩雷便利貼

3.2

- 「數據為王」更勝「現金為王」，是新零售的競爭思維。
- 搶客人的「心占率」比搶「市占率」，更值得關注。
- 透過動態定價，要滿足的是不同客人的不同期待。

Memo

3.3 找網紅 vs. 買流量

10—100的發展階段，經營者最重要的任務，就是要架成長KPI（Key Performance Index，關鍵績效指標），KPI若架錯，店開越多反落得賠越多的下場，特別是進入新經濟，業績成長來自全通路，既然走的是新路，就必須重新設定KPI，包括行銷與業務資源的佈署。

在實體通路為王的舊經濟，服務業成長路徑，多來自尋找消費者年齡、所得、或消費型態相近的商圈，開連鎖店進行複製；但進入新經濟，業績成長可能來自線上電商或線下實體店，經營效率取決於O2O綜效。

事實上，不論新舊經濟，單店經濟的運算法從來沒有變過，「Sales業績＝AC客單價×GC客流量」，差別只在於，舊經濟客流量主要來自「進店人數×提袋率」，新經濟則需加上「網站瀏覽人數×轉換率」的線上客流量。

線下線上提升客流量的做法也各有不同。實體門店靠付出高租金，取得更多的進店人數，打折促銷是常見提高提袋率的方式；至於電商平台，除靠在網路媒體爭取曝光，也透過導入ＦＢ等社群媒體流量、經營品牌紛絲團、做內容行銷引發網友關注，或邀約網紅、部落客等關鍵意見領袖ＫＯＬ（Key Opinion Leader）發文推薦，產生影響力行銷（Influencer Marketing）的效果，提高轉換率。

尤其，進入「人以群分」的社群時代，人們使用ＦＢ、ＩＧ、Youtube等社群媒體的時間有增無減，**影響力行銷是進入社群時代，最能強勢帶動銷售成長的銷售模式**。因為，當社群傳播發達，人們對商品的認識，不再只靠品牌單方面傳播的資訊，聽朋友圈建議和見證，更往往形成個人消費決策的依據。對經營者來說，想有效接觸潛在消費者的捷徑，就是進入顧客的同溫層，當能接近到和他興趣、喜好，生活型態甚至價值觀相仿社群，就能擁有源源不絕的新客源！

不踩雷思維

不只買東西，還要社群參與

二〇一八年初，首度來台的《米其林指南》公布前夕，一則餐飲業新聞引發關注。由有亞洲女廚神之稱主廚主持，即將邁入經營第十年的台中知名法式餐廳「樂沐」，宣布將於年底結束營業。店家接受媒體訪問時表示，決定關店的最主要原因是，由於臉書等社交媒體盛行，如今經營餐廳必須靠有噱頭的新穎手法，或舉辦許多活動來吸引消費者注意，耗費經營者相當大的心力。

樂沐凸顯的品牌永續經營議題，對服務業經營者來說，感受都很深刻。因為，在社群媒體發達之前，餐廳店家生意要好，最重要莫過把產品和服務做好，讓顧客體驗後產生良好口碑，但很顯然的，時至今日，如果還是被動等待客人口耳相傳做行銷，已很難維持一家店的存續。

因為，進入分眾時代，不同年齡層客人的行銷溝通方式，差別越來越大。較年長客人，消費決策可能還受到傳統的口碑傳播，或電視報章傳達的商品資訊影響；多數年輕消費者，則是高度依賴網路評價或搜尋部落客文章，當作選擇商品的依據，尤其是ＦＢ等社群媒體發達後形成的「同溫層效應」，很多消費者，往往是經ＫＯＬ推薦才產生消費行為。這說明了，社群媒體對品牌的意義，不只是傳播產品訊息的管道，更重要的價值在於「社群」而非「媒體」，**如今消費者，不只買東西，還要社群參與，透過社群連結、互動、見證與傳播倡導，形塑消費者對品牌與產品的認知，正改寫顧客的體驗路徑！**

社群行銷的另一個必要性在於，線上流量不再免費取得，ＦＢ、Google等網站廣告成本更是越來越高，新用戶的獲取成本線上甚至要比線下高出許多。也就是說，開實體店雖需付出門市租金，但在網路開店，想接觸到和實體門市一樣多的顧客，投入的網路廣告成本卻要高於付店面租金，更麻煩的是，線上廣告成本上漲了，但有效觸及的效果卻逐漸遞減。

有別於過去單向傳播、追求版面曝光、預先做好排程的議題設定行銷，**社群行銷操作有三大特質：體驗出發、數位分享，以及重視與消費者共創（Co-create）的動態互動。**

找網紅、部落客寫食記和開箱文，或邀客人打卡留言，都是一種體驗式行銷，產生的是一種代言、見證效果。邀請消費者共創進行內容行銷，若創意濃度高，往往更可形成病毒式傳播的巨大效應。

二〇一七年感恩節當天，保險套品牌杜蕾斯（Durex）中國大陸的行銷團隊，大膽向異業品牌隔空下戰帖，操作一系列互動式內容行銷，引發被點名品牌的回敬，激出的創意火花令人拍案叫絕，被網友稱為「一口氣調戲了十三個品牌」的經典行銷個案。

杜雷斯在微博張貼的海報，首先感謝箭牌口香糖，「這麼多年感謝你在我左邊，成為購買我的藉口」，箭牌不久之後回覆，「不用謝，有我，儘管開口」。杜蕾斯也感謝士力架巧克力，「感謝你的491cal能量，讓我能夠加時一場」，士力架則神回：「一條夠麼？」就連調味料都可以成為調侃的對象，杜蕾斯感謝山西老陳醋，「感謝你打開的醋意，讓我看到她嬌羞的一面。」

杜蕾斯藉此引發社群討論，固然承受交出品牌話語權，以及一定程度不可控的風險，但卻替品牌爭取極大曝光，不但省下廣告費，更重要的是，透過按讚、留言、分享，消費者腦海已深深烙上這個品牌的印象。

社群時代　誰是你真正的ＶＩＰ

如何辨認誰是你真正的ＶＩＰ客戶，也是操盤品牌的行銷團隊，在社群時代容易踩進的誤區。

舊經濟時代，消費金額高的客人等於含金量高的ＶＩＰ，據此進行顧客關係管理（ＣＲＭ）；但**進入新經濟，「社群顧客關係管理」**（Social CRM）**的觀點認為，顧客總價值包含了個人價值（Individual Value）與人際關係網絡價值（Network Value）**。舉例來說，顧客A雖然消費者金額較高，但在社群中，卻無任何影響力，也不願與品牌建立合作關係；顧客B消費金額較少，卻經常回購黏著性高，還是個有十多萬粉絲追蹤的部落客，擁有較多的「社交貨幣」，也樂意與品牌合作，從 Social CRM 的角度，顧客B才是品牌值得投資的ＶＩＰ。

行銷大師科特勒（Philip Kotler）在《行銷 4.0》一書中提到，進入數位時代，行銷人員應把品牌溝通對象的重點，擺在年輕人、女性和網民身上。因為，年輕人消費力雖未必高，但經常是產品的早期採用者、趨勢的創造者，甚至是改變遊戲規則、驅動世界改變的主角，如果品牌想要影響主流顧客，說服年輕人是第一步。女性，則是因為她具有資訊搜集者，與握有實質採購權的家庭經理人等特性，贏得女性消費者有助擴大品牌的市占率。至於網民，要借重的是他擅於經營社群連結，以及自製影音傳播內容等能力，獲得網民支持，才能擴大品牌知名度。

「奧美忠誠度指標」則是依顧客的消費力與忠誠度，分為四個象限，第一象限是消費力、忠誠度均高的「黃金客人」，是品牌的忠誠客戶、鐵粉；第二象限是消費力高、忠誠度低的「樂透客人」，獲得這樣的客人就像中樂透一樣，他們也最有可能成為鐵粉；第三象限是消費力、忠誠度均低的「酸檸檬客人」，多數是為反對而反對的酸民、黑粉；第四象限是消費力低、忠誠度高的「橡果客人」，這群人雖是品牌擁護者，但沒有立即性的消費需求。（圖 3.3）

通常，行銷人員容易踩進的誤區是，砸下大半資源對「酸檸檬客人」做行銷，但根據八〇／二〇法則，這群人只貢獻不到五%的業績，同樣的，把行銷預算花在「樂透客人」上效益也有限。從 Social CRM 觀點，**最有效率的做法應是，集中資源針對「橡果客人」做社群行銷，邀請他們參與體驗、進行對**

圖 3.3　奧美忠誠度指標

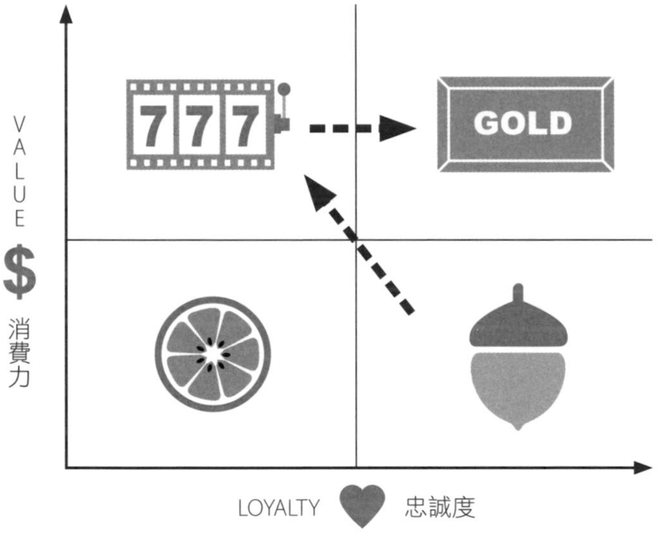

資料來源 : Millward Brown's Brand Z Study by Ogilvy Asia

話，一方面擴大品牌的網路聲量，對應「酸檸檬客人」；更重要的是，藉由社群媒體連結，提高「樂透客人」成為「黃金客人」的轉換率。

很多主打時尚風格的商品，經常運用這樣的社群傳播策略，他們知道逛誠品書店的文青，口袋通常沒什麼錢，卻擁有社群傳播力，以及製作貼文或貼圖的創意，所以，儘管消費力有限，卻是品牌推廣時必須積極溝通的對象。

野戰案例

「星和醫美」和網紅「談戀愛」走紅兩岸

兩岸擁有近二十家醫美連鎖診所的星和醫美集團，是創辦人林信一、洪子琄，二〇〇七年共同創立的，充分運用社群行銷，是這兩位醫美門外漢，不過花十年時間，就打造出這樣經營規模的成功關鍵之一。

林信一認為，「見證」，是社群行銷最容易打動人心的力量。正如，上教堂做禮拜，當牧師講完道之後，常會邀請教友上台，分享信奉上帝親身體驗到的奇異恩典，藉以強化信眾們內心的信仰。傳教士即是運用見證的傳播技巧，星和醫美也是，做社群行銷就是把許多人找來做見證，讓他們在網路上表達，接受服務之後，達到了什麼樣的效果，從而潛移默化的影響周圍的人。

如何調動網紅　為醫美診所做見證

林信一認為，要做見證，需找有傳播影響力的人，在自己本身就是圖文部落格的太太建議下，星和創業初期是上ＢＢＳ和無名小站部落格，用陌生拜訪方式，發信給一百位部落客，但只有一人回覆，轉化率是一％。

雖只收到一封回覆信，但還是熱情的招待了她，服務完之後，這位部落客好長一段時間沒動靜，三個月後才在無名小站發表了一段文章，卻很快帶來很多客人，讓林信一夫婦意識到網路的影響力，因為過了很久，竟還有客人是因為看了這段內容，而進到診所消費。

林信一提醒，找網紅做社群行銷，開始時一定要老闆親自帶頭做，如果讓下屬去做，大家可能心想，網紅是免費來做體驗的，認定她是來占便宜的，也與診所的業績ＫＰＩ無關，服務上產生怠慢，因此必須老闆親自在場，才能讓團隊重視，也讓網紅體驗到高品質的服務。當網紅把生意做起來後，醫生和醫護團隊意識提供網紅免費服務的重要性，就不需要老闆親自帶了。十年來，星和總計簽約近兩千位網紅做代言，只有早期的三十到四十位由老闆出面接待，後面的就靠團隊接手服務。

此外，不要急於求功。兩千多位簽約的網紅當中，最有影響力的居然是某電視劇女主角，她到店體驗後，不過只在 FB 上發一條：「我今天去星和醫美保養了皮膚做了睫毛」，然後再貼一張照片，竟然就收到 16914 個讚、135 個轉發，最重要的是還有 233 個評論，於是社群討論也就自動開始了。

為持續運營這兩千位網紅，星和從以下四點著手：

第一、把創辦人也打造成網紅。洪子珛在網路上有自己的一票粉絲，代言自家品牌相得益彰。另外，店內夥伴也變身網紅，除帶來免費宣傳效果，也是該診所最好的見證案例。

第二、每家診所有不同的場景設定，十家診所有十種設計風格，從法式浪漫到英式復古都有，目的是給網紅進行拍攝時做搭配，同時更能實現讓顧客自願打卡代言的目的。

第三、配備八位公關團隊，主要任務是陪這兩千位網紅吃飯，關心他們的身心、八卦，以及生活等，跟網紅「談戀愛」。由於網紅也有自己的生活圈，往往這樣的關係維護，一次不只是一位，而是一票人。

第四、組織各診所的護理師、美容師，成立「醫美特攻隊」，進入公司團體舉辦美麗講座，五年內舉辦了一千場演講，除推廣品牌，也與更多線上接觸不到的潛在客源做互動。

下一階段，星和導入ＩＴ系統，讓這套 Social CRM 能夠數據化、制度化、自動化，不僅提升診所端的營運效率，加速內部教育訓練運作，更開放資源賦能給生態圈內各種資源擁有者，一起把產業的餅做大。

大店長講堂金句

想打動消費者就像想打贏官司，需提出人證、物證、事證。

——星和醫美 **林信一**

不踩雷便利貼

3.3

- 全通路經營，流量點擊不再是經營線上的唯一 KPI。
- 社群時代，人們多依賴朋友圈的意見進行消費決策。
- 擁有越多社交貨幣的客人，越需加倍經營顧客關係。

Memo

3.4 面對數位顛覆，轉型還是升級？

二〇一七年起，全球服務業掀起一陣空前劇烈的亂流。

這一年，台灣麥當勞因應全球總部改造計畫，讓售全台近四百家門市的經營權，結束過去近二十五年來，母公司直營台灣市場的型態。在中國大陸，阿里巴巴集團宣布以近兩百億元人民幣，入股中國大陸大潤發母公司高鑫零售，掌握三六%股權，等同接手這個曾是中國大陸量販業龍頭的超級通路。

在美國，一度是玩具零售業通路龍頭的玩具反斗城（Toys R Us），宣布聲請破產，梅西百貨（Macy's）關百店裁員千人。反觀電商龍頭亞馬遜Amazon，則是斥資一百三十七億美元，大手筆併購全美最大有機食品連鎖超市 Whole Foods Market，加速實現全通路布局。不僅如此，更發表整合感應器與相機鏡頭等技術，打造的無人便利商店「Amazon Go」，擁有Amazon 會員帳號的消費者，進入店內在貨架上取走商品，不需排隊等待結帳就能走出店外，系統會自動從會員帳戶扣除消費金額，這下不只收銀員，就連小偷都要失業了。

在此同時，阿里巴巴加速在全中國大陸，開設結合菜市場、餐廳、外賣店和倉儲物流中心的「盒馬鮮生」O2O 超市，消費者走進這家商店，可以在水槽裡挑選活跳跳的龍蝦或螃蟹，當場請廚師料理、上菜；打開 APP 點選線上採購清單，或現場挑選的商品裝滿購物袋後，透過裝設在天花板的輸送帶，隨即分發到物流快遞區，半小時後回到家，剛訂購的商品便已送到門口。

數位顛覆全面襲來，正是讓這波服務業轉向、轉型或無情洗牌，背後驅動變革的力量，將帶來的是業態破壞，還是無限的商機重生？端視經營者如何接招！（圖 3.4）

圖 3.4　新零售發展曲線

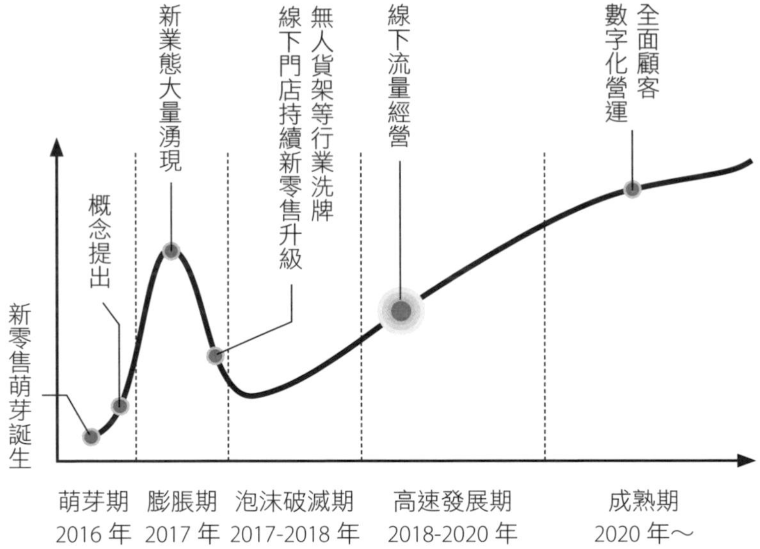

資料來源：掌貝店鋪數字賦能專家

不踩雷思維

商業策略，先於數位策略

走進位在美國密西根州的達美樂比薩（Domino's Pizza）全球總部，會讓人有一種錯覺，以為是來到了 Google、Apple 這樣的高科技公司總部，因為這家創立已六十年的老公司，如今居然搖身一變成為一家科技公司，總部入口的一段話很耐人尋味：「We're an e-commerce company that sells pizza.」意思是，「我們是一家電子商務公司，只是剛好賣的是比薩！」

比薩店，是一個再傳統不過的餐飲業態，就算是提供外送，這樣的服務也已存在近半個世紀，但二〇〇八年，金融海嘯時股價最低跌到每股二．八三元的達美樂，卻靠大玩科技轉型，把這個古老的生意進行一百八十度改造，十年之後，股價竟飆漲到兩百五十美元新高，市值飆漲將近九十倍，成長甚至超越蘋果公司等科技股。

達美樂最驚人之處在於，轉型之後的這幾年，幾乎沒推出太多新產品，餐飲業若沒有推出新產品很難推動營收成長，但達美樂每年單店營收卻持續兩位數成長，遠遠把頭號對手必勝客（Pizza Hut）拋在後頭。因為，它是靠數位科技來驅動比薩店的業績成長！

達美樂究竟做了哪些數位轉型創新，從一個曾被消費者譏笑，產品像是「沾了番茄醬的厚紙板」的餐飲界魯蛇，翻身成為勝利組？

首先，它打臉自家產品「口味爛透了」，竟包下紐約時報廣場前的大螢幕，公開播出惡評，拉高網路聲量，隨後推出比薩改造計畫，將廚師研發新配方的過程拍片上網，再找民眾試吃宣傳。事實證明，證言式行銷收效良好，隔年同店營收額即成長十四%。

它最早推動數位化訂餐，讓滑世代玩手機之餘順便點餐，不必再為覓食傷神費時。為引誘消費者懶到最高點，和蘋果手錶、Amazon Echo語音助理等異業合作，靠聲控就能訂比薩，連手指都不必動，並在外送車上加裝全球定位系統（GPS），讓消費者追蹤送餐進度，解決不知道要等多久的痛點。

它加碼科技送餐花招，第一個用自駕機器人、遙控無人機做外送，甚至在北海道推馴鹿群外送服務，還把「外送員追蹤GPS」上面的機車圖像改成馴鹿，增添聖誕節氣氛，雖然因動物不受控，最終雖以失敗收場，但噱頭不斷已讓達美樂在顧客心中，建立起一家剛好賣比薩的科技公司形象。

它投資社群行銷，培養一批ＦＢ品牌小編與粉絲互動，不只對投訴或稱讚的留言，迅速作出回應，更經常在粉絲頁舉行獎勵活動回饋消費者，鼓勵粉絲推薦好友加入粉絲團，當週推薦最多朋友的粉絲，更可以免費享用比薩。

它和消費者拆分銷售利潤，獎勵網友把達美樂的訂餐軟體，上傳到個人網頁或社群媒體，若有人是透過這些網友線上點餐，就可以獲得〇．五％訂餐金額的傭金回饋，一方面增加熟客額外收入，更重要是建立起顧客的忠誠度。

它讓吃比薩變成玩遊戲，曾推出一款ＡＰＰ，顧客可模擬使用不同麵糰、醬料和起司等原料，體驗製作客製化口味的比薩，最妙的是，連最後切比薩的環節也是由顧客自行動手完成，操作起來就像玩水果忍者遊戲一樣，十分有趣。

它為讓顧客在家也能吃到現烤出爐的比薩，在外送小車上加裝一個小型烤箱，外送員在送餐途中把比薩放進烤箱，一邊送比薩一邊烤比薩，等到抵達下一個顧客家中，客人就能享受到剛出爐的美味比薩。

達美樂為傳統餐飲業的數位轉型，做出成功的示範，但不是每個公司都能像達美樂一樣，有本事或條件把最大部門改成ＩＴ部門，全面轉型為科技公司。事實上，**面對數位顛覆，企業進行變革或組織再造，若只是想到「科技」，反而容易踩進轉型的誤區**，如同大潤發在中國大陸為因應通路的數位顛覆，雖成立「飛牛網」攻進電商領域，卻因形同以全新品牌搶進陌生的紅海市場，迎戰阿里巴巴、京東等數位零售ＤＮＡ純正的對手時，節節敗退虧損累累，最後落得不得不將股權讓售給馬雲。

其所帶來的轉型啟示是，比「數位策略」（Digital Strategy）更重要的，是企業或品牌的「商業策略」（Business Strategy），因為一切經營，終究還是要回到企業是否具備價值性、稀有性、可模仿性和組織性，Ｖ、Ｒ、Ｉ、Ｏ這四大核心競爭力，透過商業策略所形成的商業模式為槓桿，翹動永續成長動能。（請見圖 2.1）

換句或說，**「轉型」並非企業存活唯一的一條路，「升級」（Upgraded）也是可行的思考**。

二〇一七年底，全美通路巨擘沃爾瑪 Walmart 將公司正式名稱裡的「商店」（Store）去掉，直接以「沃爾瑪公司」為名，因為，顧客如今不只去

Walmart 的店內買東西，也會上該品牌網站和 APP 購物，展現朝全通路轉型的決心。雖是進行通路轉型，但 Walmart 做的其實是升級，因為它在全美有近五千家實體店面，九成美國人住在離 Walmart 店面不到二十公里，對許多消費者來說，是最熟悉的實體通路，不能說想玩什麼新科技就能馬上導入。

因為從消費者行為研究發現，對消費者來說，Walmart 最大的價值是提供「低成本的實體購物環境」，但人們購物所付出的成本，通常不只有商品售價，還有時間成本，既然價格已被壓到極低，Walmart 就從節省顧客的購物時間著手。例如，推出購物三十五美元以上，含運費兩日內送達的服務。

另外，就是提升顧客購物的體驗價值。過去，Walmart 商品雖標榜低價，但貨架零亂、員工態度惡劣，在消費者滿意度調查經常是敬陪末座，服務不佳是因員工低薪、缺乏誘因提供好服務。為此，Walmart 大方加薪，還打算延長員工產假和育嬰假，並加寬賣場走道減少商品堆置，從改善滿意度著手，贏回實體通路消費者的芳心。另外還擴增品項，如攜手線上服裝與鞋商 Bonobos、Shoebuy 等合作，讓消費者不必另外花時間，奔波別處尋找商品，讓他們更有誘因上門。

升級帶來的成效是，Walmart二〇一七年年度財報顯示，同店營收連續十四季成長，是金融海嘯以來的最佳表現，股價更站上歷史新高，一度還逼近電商龍頭Amazon！證明面對數位顛覆，實體通路因應方式，並非只有死命往電商轉型，或跟著潮流搶開無人商店，而忘了好好升級自身原本就具備的優勢。

10—100或100之後的永續經營思考，最重要是，回到你的核心，核心若是在線上，就扮演好電商的角色；核心若是在實體通路，就回到實體重新出發，並經常檢視，0—1階段的立業初衷與品牌DNA，認清什麼是真正的獲利核心，**一定要記得你是誰。況且，學別人永遠也學不像！**

野戰案例

「鄧師傅功夫菜」滷豬腳也能O2O

小米執行長雷軍有句名言：「站在風口上，連豬都會飛」，說明壓對趨勢，是新創事業成功的關鍵，但對像賣滷豬腳這樣傳統美食的餐飲業來說，這句話也同樣適用。

讓滷豬腳站到風口上去的，是「鄧師傅功夫菜」連鎖餐廳第二代掌門人，鄧至廷、鄧至佑這對兄弟檔。二〇一七年，他們總共賣出五十萬塊滷豬腳，以每塊豬腳平均五公分計算，疊起來的高度約相當五十座台北一〇一大樓，是全台豬腳用量最大的中餐廳。

一九八四年創立於高雄的這家店，原本叫「鄧師傅滷味」，二〇〇八年始更名「鄧師傅功夫菜」，全台有九家連鎖店，除兩家街邊店，其他則進駐漢神、微風等購物中心美食街，更有一家開在高雄國際機場出境大廳，是少數從南部起步的連鎖台菜餐廳。鄧家兄弟陸續接班之後，啟動經營變革，打開老店的多元通路，賣起外帶年菜、祝壽禮盒，甚至是線上購物，讓滷豬腳這道招牌菜跨出自家餐廳，把鄧師傅的招牌擦得更亮。

打開多元通路的思維，用互聯網產業的概念描述，就是發動一連串「場景」革命。

「場景」，原是指電影或舞台劇，每一幕所發生的行動，互聯網產業拿這個詞來形容，消費者在不同情境下，透過體驗所建立的商業新連結。簡單來說，場景思維強調產品即場景，消費的重點不再只是「產品」，它更關心的是顧客在不同情境下的需求。雖然十多年前，還沒人談論「場景」這個詞，但鄧家兄弟早已把這個概念，運用在家中滷味店的通路轉型。

二〇〇〇年，哥哥鄧至廷剛從國外學成歸國，那一年除夕他陪父母到高雄福華飯店吃年夜飯，原本以為人們都是在家中圍爐，大年夜飯店應該沒什麼人的，想不到生意竟出奇的好，雖不像現在動輒要翻桌吃兩輪，卻也坐滿了七、八成。這頓飯的「場景」讓他嗅到生意機會，隔年過年，鄧師傅便首推滷豬腳外賣，比起二〇〇二年才開始推出年菜外賣的便利商店，可說還要早上一年！

弟弟鄧至佑，則是讓賣滷豬腳的場景，搬到當時俗稱「第四台」的有線電視頻道，在名嘴汪笨湖的地方台政論節目，賣起孝親禮盒。

汪笨湖原本就是鄧師傅的常客，有一年適逢閏年，民間有出嫁的女兒要請父母吃豬腳添壽的習俗，汪笨湖找上門，提出在他主持的蓬萊台節目上，透過電視購物賣豬腳禮盒的構想。因為是老主顧，鄧家兄弟抱著姑且一試心情，想說看能不能賣個六、七百份，結果一個母親節檔期下來，訂單竟然追加到一千五百份。

這次經驗，讓他們兄弟深刻體會到品牌行銷的威力，並不是只有開更多店，才能賣出更多的滷豬腳；客人就算沒有來到店內用餐，也可能都有需求，啟發後來朝多元通路發展的思考，包括和金門馬家麵線共同推出祝壽禮盒，開發花生豬腳料理包，進軍 Jasons 超市、7-Eleven 等通路，十年內讓鄧師傅的滷豬腳，從年銷八萬塊，倍增再倍增，成長到五十萬塊規模，帶動總營收向上逼近三億元的大關。

只要願意探索客人不上門時的需求，嘗試不同通路的行銷方式，誰說像滷豬腳這樣傳統庶民美食，不能擁抱 O2O 的春天呢？

大店長講堂金句

業績不是喊出來的，
是透過計畫達成的。

——永豐商店 **劉士維**

不踩雷便利貼

3.4

- 面對數位顛覆，貿然改變商業模式可能一腳踏進紅海。
- 「轉型」之外，也可思考「升級」優化既有商業模式。
- 想永續經營，得不斷回頭檢視 0—1 階段的立業初衷。

Memo

3.5 一條龍 vs. 生態圈法則

台灣不但是全球珍珠奶茶的發源地，更是手搖茶王國。根據連鎖店相關協會統計，保守估計，全球有逾萬家台灣人開的連鎖手搖茶店，其中四千家更輸出至海外五大洲，這個從茶飲新文化延伸出來的商機，不但形成台灣服務業獨有的利基，也是最徹底國際化的服務業業別。

連鎖手搖茶飲之所以能夠走出去，關鍵在於，打的是快速連結生態圈資源的「輕餐飲」戰法！由於行業高度產業化、上下游供應鏈完整、原物料取得便捷，供貨商甚至還能一併提供產品設計、品牌規畫和的ODM（Original Design Manufacturer，設計代工）服務，試錯成本低，只要幾百萬資金加上一個創新點子，很快就能以輕資本創出一個新品牌，且一旦成功，複製容易，獲利回收速度快，很適合喜歡當頭家的華人創業形態。

這套快戰法常見於發展為連鎖加盟體系，原因是，台灣中小型的服務業，多來自個人資本，不像製造業有廠房和土地可供抵押貸款，創業初期無法從金融機構取得融資，發展連鎖加盟體系，便成為擴張成長最主要的選項之一。

像台式手搖茶這樣，產品技術創新未必獨家掌握、資源募集方式外部化，與優勢資源擁有者互搭彼此順風車，所形成的生態圈戰略，正是進入快速連結的共享經濟時代，企業或品牌追求再成長，必須進行的變革思考與管理。

變革的必要性在於，八〇、九〇後的餐飲或服務業之主力消費客群，他們如今認知和消費品牌的方式，已經起了天翻地覆變化，因應市場更趨細分的分眾消費形態，以及O2O虛實合一之後，數位化轉向智慧化的新經濟，過去靠產品研發、營銷到服務的「一條龍」價值鏈，建構起的競爭優勢，必須被不斷進化、自我推翻，取得「生態圈」優勢，企業才有擴大經營彈性，存活下來的機會。

不踩雷思維

崁入生態圈，管理不擁有的資源

無論身處哪一個行業，都面臨遭受數位破壞（Digital Disruption）的衝擊與威脅：Tesla從電動車切入無人車商機，顛覆百年汽車產業；沒蓋任何一棟飯店的Airbnb，每天吃掉全球旅宿業超過二十五萬間房間出租生意；Uber的叫車共享平台，不但讓計程車司機上街頭捍衛生存權，延伸的Uber Eats送餐平台，更改變人們用餐的場景，上門客人不再是餐廳唯一的客源……。

根據統計，美國標普五百（S&P500）成分股的企業壽命，從一九五〇年代的六十年，如今減至二十年，企業生命週期變短，意味著永續經營的困難度越來越高。面對市場亂流來得又急又快，英雄固然能造時勢，但形勢總是比人強，大破壞帶來大連結的契機，企業必須放棄零和思維，從平台生態圈出發，改變價值創造路徑，重新定義核心競爭力，是商業大演化下的適者生存之道。

因為就連像麥當勞、星巴克這樣，以總部效率掛帥的跨國品牌，也意識到靠「一條龍」發揮成本優勢的經營模式，已無法維持高成長，必須加速崁入生態圈的重要性。

二〇一五年，麥當勞剛上任的執行長伊斯布克（Steve Easterbrook）宣布，三年內要相繼出售包括在台灣和中國大陸等，全球三千五百家直營店的特許經營權給加盟業者，讓全球麥當勞加盟餐廳比率，從原本八成提高到九成，一方面進行總部組織瘦身，更重要的是，共享各地區授權發展商在地資源，以維持面對市場變局的高度經營彈性。這項政策不過推動兩年，麥當勞股價即回漲逾五成，相當程度反應出轉型成效與資本市場的認同。

此外，二〇一八年初星巴克也宣布，將自家咖啡店以外的商品行銷權，全面授權給食品大廠雀巢公司銷售，並共同開發新產品，槓桿雀巢長期在零售通路的優勢資源，擴大星巴克咖啡豆等品項，在量販店和超市通路占有率；至於原本在即溶咖啡、膠囊咖啡市場享有高市占率的雀巢，則是借重星巴克的高品質品牌形象，穩住在研磨咖啡市場的生意，兩大咖啡龍頭共享彼此平台，也是一種崁入生態圈的思維。

在中國大陸，平台生態圈戰法更是主流商業思維。中國大陸最知名的火鍋集團「海底撈」，便先將內部供應火鍋湯底和調味品的部門，分拆出來在香港獨立上市，這家名為頤海國際的湯底供應商，如今僅半數業務來自母公司的關聯交易，其餘訂單則是來自供應其他連鎖火鍋店，讓原本開火鍋店，競爭對手是其他「火鍋店」的海底撈，搖身一變，竟反成為把生意做進同業廚房的「供應商」。

生態圈戰法不但重視共同創造價值，也強調相互依存，從「共生」、「互生」，到不斷「再生」新價值。

二〇一五年，中式連鎖餐飲「真功夫」在集團二十五周年生日時宣布，因應互聯網、O2O與大數據的快速發展，改變成長戰略，放緩開連鎖店的腳步，成立中式快餐孵化器，不只打造新創餐飲團隊創業平台，開放集團的供應鏈資源，更籌募創業基金扮演天使投資人，目的是培養出下一個餐飲獨角獸公司。不出三年，此一轉型策略便引進三十多家新創企業，創造逾四十億元人民幣的新創公司估值，將過去打造航空母艦的企業思維，轉變為能靈活變化隊形的餐飲服務艦隊。

有別於以企管大師波特（Michael Porter）提出的五力分析為基礎，聚焦企業本身核心競爭力，靠一條龍的「價值鏈」內生活動，提高競爭優勢建立的經典理論，生態圈戰法則是強調透過「價值網」活動，創造共贏優勢。

從自媒體「掌櫃攻略」，轉型為線上培訓課程的「勺子課堂」，就是一個非餐飲業者，但卻扮演創造生態圈新價值的平台角色。

這家由兩位前搜狐科技記者創立的公司，先是創辦掌櫃攻略，用微信公眾號（類似臉書粉絲團）報導各種餐飲消息，獲得對餐飲管理有興趣的粉絲關注，加上過程中對餐飲品牌與行業的深度了解，將採訪內容優化做成影片，並按照人資、財務、菜單設計、外賣升級等領域畫分，然後放在「勺子課堂」課程平台進行銷售，進一步再邀請這些餐飲業大咖，到實體講堂進行授課，成為提供全中國大陸餐飲人，線上到線下的O2O培訓平台。等於同步建立了線上學員與業界講師群，各自的單邊社群，再以課程服務為串接點，產生雙邊的平台（Platform）效應。

創辦人之一的宋宣認為，餐飲行業不存在絕對的方法論，每家餐廳、不同菜系的運營邏輯都不同，加上市場變動越來越快，只有身處現場的行業人員，才能洞察實務工作的真正痛點和解方，因此，勺子課堂所有師資都是行業內的業師，本身就是餐飲業經營管理工作者，而不是來自專業講師，不只適用企業轉型、創新創業，生態圈戰法更發揮跨業態的巨大影響力，以阿里巴巴和騰訊為代表的兩大中國大陸互聯網公司，挾其握有的龐大數據流量、高效率物流與現金流實力，不只打造涵蓋電商、超市、支付等新零售生態圈，如今更把觸角伸向旅遊、教育、醫療甚至科技金融（FinTech），扮演起生態圈內強而有力的創投角色。一方面是創業者最期待被看上投資的金主；另一方面，創業團隊卻又擔心一旦仰賴這些互聯網巨人，從此成為身不由己的卒子，生殺大權掌握在他人手上，但無論如何，**生態圈戰法已重新定義新經濟下的商業賽局**。

這對打算開一家店或經營一個品牌的大店長來說，關鍵意義在於，未來經營勝敗的決戰點，不只看資源募集能力、產品技術，更需比誰能具備「管理不擁有的資源」的能力。對思考10─100，或100之後，**企業生命週期邁向成熟永續的品牌來說，必須面對的課題則是，檢視組織KPI是否已僵化成為轉型阻力，並思考如何借東風架構生態圈優勢，虛實聯盟重組品牌模式、商業模式和人才模式，甚至不惜打掉重練，進行連續創業的準備**。

可以再進一步思考的是，過去台灣服務業大多聚焦單一產業環節的深化，

經典理論競爭優勢 vs 生態理論生態優勢

競爭優勢	VS.	生態優勢
零和博弈	**目的**	共贏：共生、互生、再生
內生的	**價值創造**	外生的
價值鏈活動	**價值獲取**	價值網活動
管理好所擁有的資源	**優勢來源**	管理好不擁有的資源
有價值、稀缺、難以模仿、無法替代	**優勢評判標準**	異質性、崁入性、互惠性
成本領先或差異化	**優勢表現形式**	適應能力或放大效益
單一的	**優勢數量**	多個的
核心剛性	**優勢可持續性**	動態能力

如追求產品口味創新，或設定ＳＯＰ進行標準化複製，較少創造出一個能共生共利的生態圈。

試想，假設一家餐飲集團不僅擁有好吃餐點，又能做到上游食材的掌握，例如，從農場、契作開始，就結合生產履歷與溯源管理，甚至連肥料、土壤、環境控管等皆建立大數據監控，更讓產地農夫、內場廚師到外場服務人員串起的生態圈，皆在同一即時數據平台上，除能解決食安問題，運用資本市場的活水，甚至還能結合電商、娛樂、科技，或居家長照等醫療服務，從人人都用得到的生活服務業出發跨向其他產業，形成剛性需求並掌握話語權，從而進軍海外市場，達到服務業加值最大化的效果。

野戰案例

「一芳」水果茶從門市營運到運營全球

二〇一八年夏天，來自台灣的「一芳」水果茶，在全球快速插旗，從澳洲、日本、越南到美國紐約。

美國是「一芳」水果茶進軍的第十二個國家，品牌創辦人墨力國際董事長柯梓凱發下豪語，目標是做到手搖飲料龍頭，全球店數破一萬家！

不只這杯以柯梓凱祖母名字命名的水果茶，墨力旗下有八個品牌，平均每半年推出一個新品牌，他打的輕餐飲、快品牌戰法，和傳統追求百年品牌的經營思考，很不一樣。

更精準的說，他做的是平台生意，概念上類似經紀公司，藉由內部孵化與外部合作方式，源源不絕打造新品牌。一方面，餐飲品牌就像藝人，不斷推陳出新；另一方面，建立連鎖加盟體系，拓展全球加盟主，如經紀公司開發業主，增加藝人曝光管道。

換言之，當推出的品牌數量越多，吸引的加盟主就越多；同時，也因擁有更多加盟主，就會有越多想成立品牌的業者上門尋求合作，形成正向循環，把平台效益擴大。

相較一般台式手搖茶飲店，專注產品創新，甚少做品牌行銷，柯梓凱花費公司淨利一〇%，投入品牌開發與行銷資源，這也是墨力運營多品牌架構的核心競爭力，總部近八十名員工當中，有將近三分之一是設計與行銷人員，平均年齡二十五歲，他們每天大部分工作，就是瀏覽臉書、Instagram 等當紅話題，追蹤名人動態，掌握餐飲與流行趨勢，從中尋找可能的合作機會。例如，為提升品牌聲量，就與網紅阿翰、郜智源等人合作，拍攝 Youtube 短片，創下破百萬瀏覽次數；與日本卡通人物櫻桃小丸子辦聯名活動，強化品牌的懷舊印象。

之所以專注品牌商業模式「運營」，來自柯梓凱早先靠「營運」門市成長，卻遭逢失敗的慘痛教訓。

柯梓凱很早就創業成功，二十七歲開店滾出億元營收，出手一定搶百貨公司美食街人氣最旺的櫃位，燒肉店、火鍋店到韓式料理店，直營店一家接著一家開，卻忽略自己的門市管理能力還不到位，一遇到餐飲流行趨勢轉向或景氣變動，店開越多賠的也越多，三十三歲那年慘賠近兩億元差點週轉不過來。

換句話說，因為什麼都想自己來，結果卻管理不到位，以至於後來再出發時，轉念打造平台生態圈，放大自己的核心競爭力；至於不擅長、也鞭長莫及的門市端經營，則委由加盟主就近管理，發揮彼此優勢截長補短。柯梓凱說，從直營轉為加盟的商業模式，很大一個原因，是受到巴西 3G 資本私募資金，收購漢堡王之後，大舉關掉直營門市或轉賣給加盟主，讓公司得以保持經營彈性並不斷創新，靠輕資產轉型的成功個案啟發。

此外，**懂得讓利，學會不單打獨鬥，也是平台要做大、發揮乘數力量的必要做法**。有別於多數餐飲加盟總部，擔心配方外流身自設原物料工廠，柯梓凱提供配方找專業工廠合作，以每月採購金額達上千萬元的水果醬，供應商扣除成本還賺三百萬，但他寧可給別人賺，且為扶持供應商，他改變業內常見壓貨款的做法，採用現金結帳，減低對方的經營風險；包括物流體系、外送車隊，也都交給別人來做，建立生態圈共生共利的聯盟關係。

有這樣的認知，來自柯梓凱剛到大陸市場的時候，一度曾質疑，為什麼要跟外送業者合作，還讓它抽一五％？不是應該要自己送，才能維持品質嗎？過去的他認為，合作是把利益拱手讓人，但後來承認錯誤，發現進入像是中國大陸這樣的大市場，若想快速攻下山頭，靠一己之力是不夠的，必須管理好不擁有的資源，和生態圈的夥伴合作分潤，才能一起把餅做大！

從只靠產品開發與服務人員訓練的門市「營運」，到重新設計品牌與商業模式的「運營」想像，一家手搖茶店的轉型，說明了開店的競爭，往往是觀念的競爭！

大店長講堂金句

消費者希望的體驗值、一直在改變，
店家提供的服務，也必須跟著改變。
零售環境與消費者二十年前，
大約十年一大變、五年一小變。
十年前，五年大變、三年小變。
五年前，三年大變、一年小變。
現在，年年大變！

——唐殷服飾 **殷秋屏**

不踩雷便利貼

3.5

- 移動互聯網讓連結、共享變得容易，打破一條龍的優勢。
- 生態圈戰法強調外部合作，透過「價值網」活動創造優勢。
- 成熟企業要有打破僵化的組織 KPI，進行連續創業準備。

Memo

大店長開講 3

從單店到百店的 O2O 經營全思考

作者	李明元 / 尤子彥
商周集團榮譽發行人	金惟純
商周集團執行長	郭奕伶
視覺顧問	陳栩椿
商業周刊出版部	
總編輯	余幸娟
責任編輯	方沛晶
封面設計	Javick 工作室
內頁設計排版	中原造像股份有限公司
校對	葉惟禎
出版發行	城邦文化事業股份有限公司 - 商業周刊
地址	104 台北市中山區民生東路二段 141 號 4 樓
傳真服務	（02）2503-6989
劃撥帳號	50003033
戶名	英屬蓋曼群島商家庭傳媒股份有限公司城邦分公司
網站	www.businessweekly.com.tw
香港發行所	城邦（香港）出版集團有限公司
	香港灣仔駱克道 193 號東超商業中心 1 樓
	電話：（852）25086231 傳真（852）25789337
	E-mail : hkcite@biznetvigator.com
製版印刷	中原造像股份有限公司
總經銷	高見文化行銷股份有限公司 電話：0800-055365
初版 1 刷	2018 年（民 107 年）6 月
初版 4.5 刷	2020 年（民 109 年）5 月
定價	350 元
ISBN	978-986-7778-30-7

國家圖書館出版品預行編目（CIP）資料

大店長開講 3 : 從單店到百店的 O2O 經營全思考 / 李明元 , 尤子彥著 . -- 初版 . -- 臺北市 : 城邦商業周刊 , 2018.06

面；　公分

ISBN 978-986-7778-30-7（平裝）

1. 商店管理

498　　　　107009151

金商道

The positive thinker sees the invisible, feels the intangible, and achieves the impossible.

惟正向思考者，能察於未見，感於無形，達於人所不能。 —— 佚名